特大采高液压支架
适应性分析及智能调姿

孟昭胜　曾庆良　逯振国
高魁东　张俊明　李青海　谢云跃 / 著

中国矿业大学出版社

· 徐州 ·

内 容 简 介

我国西部矿区富含大量厚及特厚煤层,适合采用大采高一次采全厚开采。但随采高的增大,工作面压力显现增强,顶板冲击来压、煤壁片帮频次逐渐增多,对关键支护装备液压支架提出了更高的要求。基于此,本书介绍了特大采高液压支架适应性分析及智能调姿。

全书共六章,系统地阐述了特大采高液压支架与围岩的耦合适应性、非典型对称载荷承载特性、智能化姿态解算数学模型及智能调姿模拟等内容。书中包含大量理论分析和数值模拟以及对其结果的对比和分析,深入浅出,通俗易懂。书中对特大采高液压支架的分析方法新颖,结构完整,内容丰富。

本书可供从事煤矿井工开采工作的技术人员、科研院所的研究人员、高等院校相关研究方向的师生阅读参考。

图书在版编目(CIP)数据

特大采高液压支架适应性分析及智能调姿/孟昭胜

等著. 一徐州:中国矿业大学出版社,2022.12

ISBN 978 - 7 - 5646 - 5466 - 5

Ⅰ. ①特… Ⅱ. ①孟… Ⅲ. ①大采高一采煤综合机组

一液压支架一研究 Ⅳ. ①TD355

中国版本图书馆 CIP 数据核字(2022)第 118266 号

书 名	特大采高液压支架适应性分析及智能调姿	
著 者	孟昭胜 曾庆良 逯振国 高魁东 张俊明 李青海 谢云跃	
责任编辑	潘俊成	
出版发行	中国矿业大学出版社有限责任公司	
	(江苏省徐州市解放南路 邮编 221008)	
营销热线	(0516)83884103 83885105	
出版服务	(0516)83995789 83884920	
网 址	http://www.cumtp.com E-mail:cumtpvip@cumtp.com	
印 刷	徐州中矿大印发科技有限公司	
开 本	787 mm×1092 mm 1/16 **印张** 9.75 **字数** 250 千字	
版次印次	2022 年 12 月第 1 版 2022 年 12 月第 1 次印刷	
定 价	40.00 元	

(图书出现印装质量问题,本社负责调换)

前　言

　　煤炭是我国的关键一次能源,且在未来较长时期内,其能源结构主导地位无可替代,因此煤炭的安全、高效开采是我国经济可持续发展的关键。我国西部矿区富含大量的厚及特厚煤层,煤层埋深浅、煤质坚硬、冒放性差,不适宜放顶煤开采,且分层开采效率较低,适合采用大采高一次采全厚开采。但随工作面采高的增大,工作面的压力显现增强,顶板冲击来压、煤壁片帮频次逐渐增多,这一恶劣支护环境对关键支护装备液压支架提出了更高的要求。如何提升特大采高液压支架在复杂煤层环境下的适应性以及机械化、智能化水平已成为亟待解决的关键技术问题。

　　液压支架作为连接工作面顶底板、隔断煤壁与采空区的关键支护结构,其主要作用包括:支护煤壁,防止煤壁出现片帮(特大采高工作面煤壁片帮尤为严重);隔离采空区,防止冒落矸石混入开采面;支撑顶板,防止支架前方出现冒顶(岩石成块垮落)及产生过大的顶底板移近量,以维护工作面生产空间安全。因此,研究和评估特大采高工作面液压支架与围岩的耦合适应性,进而指导液压支架的结构优化,提升液压支架的整体支护性能,对于保障大采高工作面的安全、高效开采具有重要意义。

　　目前对于大采高液压支架,仍有以下几方面尚待研究,以提高其适应性及机械化、智能化程度。

　　① 现有研究在分析液压支架合理支护强度时,通常单独讨论液压支架支护力对工作面顶底板移近控制及其对煤壁片帮控制的影响,且现有研究普遍面向 7 m 及 7 m 以下高度,有关 8 m 及其以上采高液压支架采场支护强度分析的报道较少。

　　② 现有的液压支架-围岩耦合模型较为详尽、完善地指出了不同型号液压支架与不同地质条件围岩间的刚度、强度及稳定性耦合关系,并指出该耦合关系是评价液压支架适应性的重要指标。但该耦合理论相对抽象,因此在实际应用时不能有效地用于液压支架适应性评估。

　　③ 经过 20 余年的发展,现有液压支架承载能力区理论(架型适应性理论)

依然停滞在平面、定姿、空间对称、单区载荷层面,显然该理论无法满足液压支架在实际开采过程中对液压支架支护状态的实时、连续评估。

④ 现有液压支架智能位姿检测控制技术主要从理论分析层面出发,并基于关键结构件的倾角监测来实现对液压支架位姿的实时监测,而不能明确液压支架位姿与主动驱动件间的主动作用,进而无法对液压支架位姿进行有效调控,且采用倾角类液压支架姿态监测技术存在监测精度低、受采煤机截割振动影响明显等缺陷。在液压支架非线性位姿方程组解算方面,现有研究多采用牛顿算法、遗传算法(200 种群迭代 300 次)或其算法组合,存在对初值依赖严重、解算速度严重滞后、易出现局部收敛早熟等问题。

⑤ 从机电液协同仿真角度而言,目前国内外先进协同仿真方法主要集中于机器人、车辆等工程机械。在矿山机械方面,该方法多用于采煤机而尚未有液压支架这一复杂多缸串并联方面的研究。其次,现有仿真方法多集中于机液、电液及机电两域协同仿真,且机液协同仿真研究多面向单缸系统,较少实现多输入、输出变量的多缸系统机电液三者协同仿真。

基于上述问题,作者依托国家重点研发计划项目(2017YFC0603000)开展特大采高液压支架适应性分析及智能调姿技术研究。主要从特大采高液压支架与围岩的刚度、强度、稳定性耦合适应性,载荷承载特性以及智能调姿技术展开分析,旨在提升特大采高液压支架的整体支护性能,为井下机械化、无人化开采提供技术指导。

限于作者水平,书中难免有疏漏和不妥之处,敬请读者批评指正。

著 者

2022 年 5 月

目　录

1 绪论 ……………………………………………………………………… 1
　1.1 引言 ………………………………………………………………… 1
　1.2 国内外研究现状 …………………………………………………… 4
　1.3 本书主要研究内容 ………………………………………………… 15

2 特大采高工作面矿压显现数值模拟研究 ………………………… 17
　2.1 井田地质条件分析 ………………………………………………… 17
　2.2 特大采高综采工作面矿压显现分析 ……………………………… 19

3 特大采高液压支架适应性分析研究 ……………………………… 27
　3.1 特大采高液压支架刚度适应性分析 ……………………………… 27
　3.2 特大采高液压支架强度适应性分析 ……………………………… 42
　3.3 特大采高液压支架稳定性和适应性分析 ………………………… 63

4 特大采高液压支架支护失效分析及载荷平衡区模拟研究 ……… 71
　4.1 特大采高液压支架支护失效分析 ………………………………… 71
　4.2 特大采高液压支架载荷平衡区模型 ……………………………… 73
　4.3 数值模拟分析 ……………………………………………………… 84

5 特大采高液压支架姿态监控技术研究 …………………………… 90
　5.1 液压支架-顶板耦合姿态分析 ……………………………………… 90
　5.2 液压支架姿态监测模型 …………………………………………… 91
　5.3 基于TLBO算法的液压支架姿态监测模型解算 ………………… 95
　5.4 液压支架姿态控制模型 …………………………………………… 101
　5.5 样机试验 …………………………………………………………… 103

6 基于机电液协同的液压支架自适应调姿 ………………………… 108
　6.1 机电液协同仿真数据接口分析 …………………………………… 108
　6.2 基于机液协同的液压支架调姿数值模拟 ………………………… 111
　6.3 基于机电液协同的液压支架调姿数值模拟 ……………………… 124

参考文献 ………………………………………………………………… 135

1 绪 论

1.1 引 言

能源是驱动经济技术发展的关键,而现阶段一次能源是世界各国的主要能源。如图 1-1 所示,自 1970 年以来,世界 GDP 增速始终与一次能源增速呈正相关关系(但受能源强度及其他因素影响,各增速曲线在各阶段的斜率不同)。2017 年,世界一次能源消费量同比增长 2.2%,增速高于 2016 年的 1.2%,为 2013 年以来最快增速,高于十年(2010—2020 年)平均增速(1.7%)。其中,中国一次能源消费量增长 3.1%(中国就贡献了能源消费增量的 1/3),连续 17 年成为全球一次能源消费增量最大的国家[1-3]。

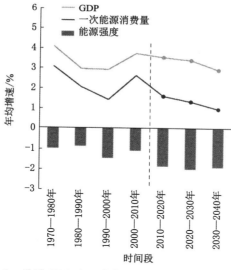

图 1-1 世界 GDP 和一次能源消费量间年均增速的关系

从世界能源结构来看,石油、煤、天然气仍然是世界范围内的主要能源。在 2017 年世界一次能源消费结构中,石油消费量所占比例(简称占比,下同)为 33.5%,煤炭消费占比为 27.6%(受世界范围内能源结构转型影响,煤炭消费水平达 2004 年以来最低),天然气消费占比为 23.4%。与世界能源消费结构不同,我国是典型的多煤、少油、少气国家(如图 1-2 所示),我国煤炭储量及储占比远高于石油、天然气的。2015—2017 年,我国煤炭消费量占比分别为 64%、62% 及 60.4%(虽然煤炭消费量占比在持续减小,但 2018 年我国实际煤炭消费量相对 2016 年增加了约 400 万 t 油当量)。由图 1-3 可知,在可预见的 2040 年,我国煤炭消费量占比约为 36%(约 15 亿 t 油当量,考虑中国能源消费结构转型布局调控速度在加快,该值远低于 2035 年的预期值 48%)。即便如此,煤炭作为我国关键的一次能源,其主导性地位在可预见时期（截至 2040 年）内仍不可替代[4-6]。

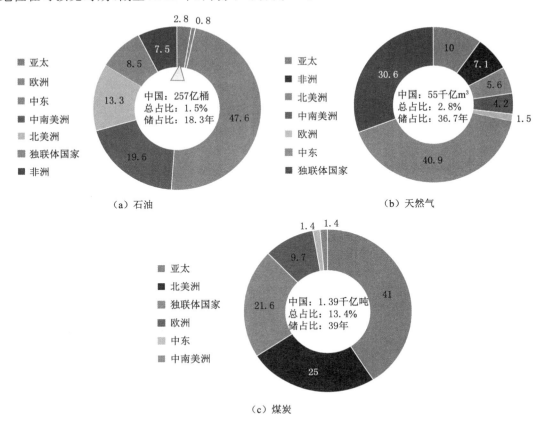

（a）石油

（b）天然气

中国：257亿桶
总占比：1.5%
储占比：18.3年

中国：55千亿m³
总占比：2.8%
储占比：36.7年

中国：1.39千亿吨
总占比：13.4%
储占比：39年

（c）煤炭

图 1-2　中国一次能源的世界占比

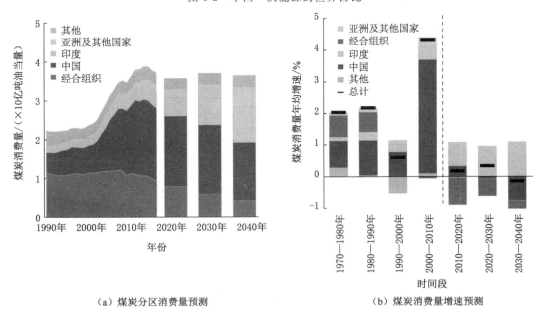

（a）煤炭分区消费量预测

（b）煤炭消费量增速预测

图 1-3　煤炭消费预测

　　基于此,2016 年国家"十三五"发展规划中对国内能源布局进行了重新规划,促使全国范围内呈现出"五基两带、一优一限"分布局面:集中开发山西、鄂尔多斯等五大能源基地,优先发展陕蒙基地,巩固发展神、宁基地。而在所述优先发展的晋、陕、蒙、新等大型煤炭基地中,6～9 m 坚硬厚煤层资源储量占总资源储量的 45% 以上,是西部重点煤炭基地的主采煤层。因此,在未来较长时期内大采高综采必然是煤炭行业研究的热点方向[7-10]。

　　目前我国厚煤层依据不同厚度可分为两类:厚煤层(3.5～8 m)和特厚煤层(大于 8 m)。开采厚煤层主要有三种方案:分层开采、综采放顶煤开采和一次采全高开采[11-13]。一次采全高开采方案相对分层开采方案具有掘进巷道少、支护工序简单(无铺网工艺)、开采回收率高等优势;相对综采放顶煤开采方案具有资源浪费少、煤尘少、瓦斯涌出量少、开采回收率高及煤层不易自燃等优势。但采用一次采全高开采方案时,初期工作面推进量、巷道掘进量大,且随着工作面支护高度的加大,工作面支护装备液压支架逐渐向大尺寸、重型化方向发展,从而导致了矿井前期建设投资费用极高[14-19]。此外,由于工作面采高过大,顶板自由动作空间及覆岩受采动影响区域的高度及范围均变大,直接顶冒落对采空区的不充分充填促使厚煤层工作面覆岩冲击来压频次及强度相对中厚煤层的均大幅增加,且煤壁更易出现片帮(煤壁稳定性差是大采高工作面的典型特征,片帮深度、高度及频度均有所增加),液压支架-围岩耦合适应性(液压支架自稳性、支护稳定性)及液压支架支护姿态变差,同时液压支架的支护速度及支护精度亦较难控制,上述问题均成为制约一次采全高综采技术发展应用的重大难题[20-29]。

　　就我国西部重点煤炭基地而言,如陕西榆林金鸡滩矿区广泛赋存厚度为 8 m 及其以上煤层,其煤层埋深相对较浅(200～300 m),煤层倾角较小(1°近水平)且赋存稳定,煤质较坚硬[冒放性差($f \geqslant 3$)],不适宜采用综采放顶煤开采而更适合采用一次采全高开采方案[30-32]。但现有大采高工作面关键支护装备液压支架的最大采高仅为 7 m,不满足金鸡滩煤矿特厚煤层一次采全高综采工作面的支护需求。因此,亟需对特大采高工作面关键支护装备液压支架的合理支护强度、围岩支护适应性及智能调姿技术展开研究,以确保特大采高一次采全高开采方案安全、高效地实施。

　　基于此,本书依托"十三五"国家重点研发项目以某矿 2-2$^\text{上}$煤层 108 工作面特大采高液压支架为研究对象,将现场矿压实测、理论分析、数值模拟及样机试验相结合从而开展特大采高液压支架-围岩耦合适应性及智能调姿技术研究。本书首先从特大采高工作面顶底板移近控制及煤壁片帮控制角度出发,确立了特大采高液压支架的合理技术参数,其次从强度、刚度及稳定适应性三个方面对特大采高液压支架选型设计的合理有效性进行评估,为液压支架的结构优化及有效性、适应性支护评估提供理论支撑。在此基础上,对特大采高液压支架的掩护式架型承载特性进行深入分析,从而进一步完善液压支架-围岩耦合适应性理论。最后,通过研究液压支架支护姿态监控技术,为液压支架的实时支护状态监测及远程控制提供理论支持,最终提高了特大采高液压支架支护过程的可视性、可控性及支护性能的可靠性、可预测性。

　　本书结合 108 工作面开采实践,丰富、完善了现有的液压支架-围岩耦合适应性分析理论及载荷平衡区理论,为特大采高综采工作面支护提供理论及应用支撑。同时,提出了液压支架位姿智能监控技术及搭建了基于机电液协同的液压支架协同仿真平台,对液压支架的智能支护及虚拟监控技术研究具有重要意义。本书提出的液压支架位姿智能监控技术适用于所有采用二柱掩护式架型的工作面(放顶煤、薄煤层及中厚煤层开采等)。此外,本书搭建的机电液协同仿真平台同样适用于其他具有机电液协同仿真特性的装备。

1.2 国内外研究现状

1.2.1 大采高液压支架研究现状

(1)国外研究现状

国外对大采高液压支架的研究起步较早,可追溯至1960年。目前国外液压支架最大采高为7 m,最大工作阻力为20 000 kN(缸径为500 mm),工作面最大单产为1 000万t[33]。

1960年,日本首先研制了采高为5 m的液压支架,获得了日本国家设计奖[34]。1961年,为开采松散、破碎顶板条件下的褐煤,苏联首次开始研制二柱掩护式液压支架,并在阿尔斯-科拖展会首次推出了OMKT型掩护式液压支架,之后又将双曲柄机构引入液压支架结构设计中,解决了液压支架水平端面距较大的问题,使得液压支架初步具备现代掩护式液压支架雏形,开辟了液压支架设计的新时代。1970年,德国维斯特伐利亚公司针对热罗林矿的7号煤层(煤厚为4 m)研制了贝考瑞特垛式支架,并取得了良好的支护效果。同年,波兰开发了DOMA-25/45液压支架并以之对采高为4 m的工作面进行了支护[35-37]。1980年,德国赫姆夏特公司及维斯特伐利亚公司分别开发了G550-22/60(威斯特伐伦矿)及BC-25/56型大采高液压支架。1983年,美国在怀俄明州卡帮县1#矿采用长壁大采高综采技术开采厚煤层(选用了德国贝拉特公司开发的采高为4.5～4.7 m的液压支架)。同期,苏联开发了M120-34/49型掩护式液压支架,波兰开发了P10MA22/45(DOMA改进型)型掩护式液压支架。捷克LAZY矿从1993年开始使用DBT公司开发的大采高液压支架(采高为4～6 m)。此后,国外较多采煤技术发达的国家着力研究露天开采技术(美国70%以上煤炭产量来自露天开采,俄罗斯、澳大利亚等国家50%以上煤炭产量来自露天开采),因此鲜有关于更大采高液压支架的报道[38-40]。

(2)国内研究现状

我国采煤方法及大采高液压支架的发展历程如图1-4所示。上世纪中叶,我国煤炭开采技术远落后于国外。我国的机械化开采技术始于上世纪70年代(当时开滦矿务局引进了德国综采装备)。从1970年代至今,经历引进吸收、消化提高、自主研发等阶段,我国现已基本进入综合机械化采煤阶段。相应地,国内对大采高液压支架的研究亦起步较晚(1974年,国内开始从国外引进液压支架及其相关概念,而大采高液压支架的引入始于1978年),但经过几代专家、学者的不断努力,目前我国在液压支架领域已处于世界领先地位。

1978年,开滦范各庄煤矿在1477工作面(7#煤层)利用引进的德国赫姆夏特公司生产的G320-23/45型掩护式液压支架,取得了较理想的开采效果,实现了月产94 997 t的创举[41]。1985年,西山矿务局官地煤矿在18202工作面首次使用了国内自产的BC520-25/47型支撑式支架(3个月产煤112 000 t,月均单产37 000 t以上)[42]。1986年邢台矿务局东庞煤矿在2702工作面使用了国产BY3200-23/45型掩护式液压支架;1988年,该矿在该型液压支架基础上,与北京煤矿机械厂合作研发了BY3600-25/50型支架(月均产煤10万t,最高14.2万t)。2005年,山西晋城寺河矿利用ZY8640/25.5/55型国产支架搭配进口采煤

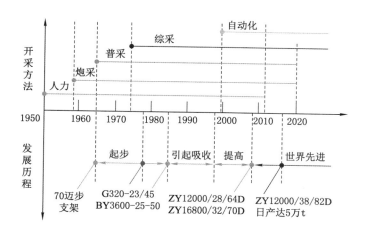

图 1-4 我国采煤方法及大采高液压支架发展进程

机及刮板机,创下月产 60 万 t 纪录。2006 年,神华集团上港湾煤矿在 51202 工作面首次使用当时世界最高液压支架(型号为 ZY12000/28/63D),实现了工作面最大采高为 5.5 m 的国内创举。2009 年,神华集团补连塔煤矿在 22303 大采高工作面首次使用当时世界最高的 ZY16800/32/70D 型液压支架(2012 年三道沟煤矿也使用了该型液压支架)。2012 年,陕煤

集团红柳林煤矿与天地科技公司合作开发了当时最大采高 ZY18800/32.5/72D 型液压支架,实现了年产 1 200 万 t 的目标。2016 年,陕西未来能源金鸡滩煤矿12-2^{上}首采工作面使用 ZY21000/38/82D 型液压支架,实现了月产 153.76 万 t 的记录。2018 年,神东上港湾煤矿在 12401 工作面首次采用了世界最高的 ZY26000/40/88D 型液压支架,实现了8.8 m 特大采高开采,促使该煤矿工作效率提高了 85%,资源回收率提高了 30%,实现了单井单面年产量为 1 600 万 t 的超高效开采记录。图 1-5 所示为 2013 年山东能源机械集团有限公司研制的 7.5 m 大采高液压支架[43-46]。

图 1-5 7.5 m 采高液压支架

1.2.2 采场矿压与液压支架载荷分析研究现状

在近代,国内外采场矿压假说主要集中在梁和板假说方面(悬臂梁、砌体梁、传递岩梁及关键层理论),相关理论普遍认为液压支架承载是很有限的。在确定大采高液压支架静载(直接顶)时具有统一性(统一却不合理),即认为液压支架需要承担支架上方垮落带总重量(采高倍数),而在基本顶动载荷计算方面存在一些分歧。相关煤壁片帮理论指出较硬煤壁片帮多呈现拉裂破坏,主要影响因素有采高、初撑力、煤体强度(抗拉强度、内聚力及内摩擦角)、煤体裂隙、开采速度等。

(1)国外研究现状

1885 年法国学者伊奥尔通过现场观测及实验模拟提出了巷道岩层移动拱形假说[47]。

1928年,德国学者哈克及吉里策尔对采场压力拱理论进行了分析,指出长壁工作面自开切眼起,在工作面上方形成压力拱,认为上覆岩层压力由拱脚分别传递至工作面及采空区,支架上方形成减压区。1887年,德国学者舒里兹提出悬臂梁假说[48-49]。1916年,德国学者施浩克在悬臂梁假说基础上提出了悬臂梁理论,该理论主要代表人物还包括苏联学者格尔曼、英国学者弗里德等。该假说认为工作面和采空区上方的顶板可视为连续岩梁,初次垮落后,顶板可以看作一端固支、另一端悬伸的悬臂梁(组合悬臂梁结构)。当悬伸长度很大时,悬臂梁会发生周期性折断,从而引起周期来压。悬臂梁假说从工程力学角度较好解释了顶板沉降规律、工作面前方支承压力及工作面周期来压现象,但悬臂梁较少关注高层位覆岩结构特征,高层位覆岩实际下沉量比悬臂梁计算的下沉量更大。1950—1954年,苏联学者库兹涅佐夫在实验室采场覆岩运动规律研究基础上提出铰接岩块假说,深入揭示了采场上覆岩层的分布规律,指出上覆岩层破坏区分垮落带及规则移动带,认为支架需要控制顶板垮落带及其上覆铰接岩梁,铰接岩梁与液压支架存在"给定载荷"及"给定变形"状态。该假说不仅能解释拱假说所能解释的矿山压力卸载现象,同时解释了采场周期来压现象,并首次提出了直接顶厚度预算公式,解释了液压支架载荷来源及顶板下沉量与顶板运动的关系。1975年,美国学者Wilson等通过将液压支架需承载的顶板假设为基本顶下的自由活动岩块,指出该岩块的形状、尺寸由采空区垮落方式决定,并基于静力学平衡理论给出了液压支架在厚煤层开采、大长度开采及倾斜工作面开采条件下立柱所需的合理支护强度[50-52]。

(2)国内研究现状

1960年,钱鸣高在铰接岩块假说基础上运用结构力学方法提出的砌体梁理论,首次提出了覆岩层平衡及失稳条件[53]。在此基础上,1990年煤炭科学研究总院史元伟等将砌体梁分为长砌体梁及短砌体梁,认为液压支架载荷存在"给定载荷"及"给定变形"状态[54-55]。同年,钱鸣高在砌体梁基础上引入"关键层"概念,进一步研究了当顶板存在硬岩层时采场载荷及变形规律[56-57]。1995年,缪协兴和钱鸣高给出了砌体梁的全结构模型,给出了顶板S-R失稳判定条件及支架载荷确定方法,揭示了工作面液压支架动载系数较大由顶板滑落失稳造成[58-59]。1998年,钱鸣高等[60]、曹胜根等[61]细化分析研究了上覆岩层中关键层的破断规律。1999年,黄庆享等建立了浅埋煤层采场基本顶周期来压的"短砌体梁"和"台阶岩梁"结构模型[62]。2000年,许家林等给出了上覆岩层关键层位置的判断方法[63-64]。2001年,侯忠杰在总结神府矿区浅埋大采高开采基础上,建立了一套较为完善的浅埋煤层组合关键层理论[65]。

2004年,郝海金等研究了大采高开采上位岩层平衡结构及其对采场矿压的影响,首次指出随采高增大,覆岩稳定结构(砌体梁结构)形成层位更高,并提出了划时代的液压支架支护理论——对工作面的液压支架来说,最为有利的情况是,尽管覆岩断裂,但在工作面推进过程中不发生回转或只发生很小的回转,而全部回转或绝大部分回转发生在工作面推过之后。此外郝海金提出了液压支架工作载荷与采高并非成正比,还与直接顶损伤状态有关[66]。2006年,弓培林综合国内多个大采高工作面,基于砌体梁理论分析大采高(5.5 m)工作面覆岩结构特征,从液压支架-围岩关系角度出发对直接顶进行了分类(分为3类假想顶板),给出各顶板条件下液压支架工作阻力确定方法[67]。2007年,王家臣分析了软厚煤层煤壁片帮机理,指出减缓煤壁压力和提高煤体抗剪强度是防治极软煤层煤壁片帮的主要技术途径[68]。2009年,许家林等以神东矿区浅埋大采高煤层开采为背景,分析了覆岩关键层结构类型及破断失稳特征,指出浅埋煤层覆岩关键层结构类型可分为单一关键层和多层关键层结构[69]。2010 年,朱涛运用砌体梁理论分析了软煤层大采高采场顶板岩层结构及片帮影响因素(采高、支护强度、煤体裂隙),利用 R-S-F 收敛控制方法分析了液压支架支护强度确定方法,提出了相应的煤壁防片帮措施。2011 年,许家林对我国首个 7.0 m 大采高综采工作面(补连塔 22303 工作面)展开分析,提出了大采高综采工作面不同覆岩关键层结构形态的液压支架工作阻力的确定方法。2014 年,朱雁辉等以关岭山 15202 工作面为背景,利用理论分析、数值模拟及现场矿压实测相结合的手段分析了坚硬顶板大采高条件下的矿压规律[70]。鞠金峰等运用悬臂梁组合砌体梁理论对神东矿区大柳塔煤矿 52304 工作面(采高为 7.0 m)端面冒漏现象展开了分析[71]。2015 年,郭卫彬基于大采高工作面煤壁压杆稳定理论和物理相似试验模型,得到了极限平衡区内支承压力的分布规律,指出超前支承压力峰处至工作面的距离与采高成正比,并基于 brady 煤体损伤模型,分析了煤层内节理面对大采高工作面煤壁的损伤效应[72]。2016 年,王刚等以三道沟煤矿 7.0 m 大采高工作面为原型,利用相似模拟试验分析了近浅埋大采高工作面覆岩关键层破断规律[73]。

1.2.3 液压支架适应性研究现状

(1)国外研究现状

在液压支架-围岩耦合适应性方面,液压支架作为工作面围岩结构稳定性控制的核心设备,其对围岩的适应性及可靠性直接决定了大采高技术运用的成败。目前,国外针对液压支架-围岩耦合理论的研究侧重多个方面,如采场压力实测反演方法、采场数值模拟方法及GRC(ground response curves,地面响应曲线)理论反演方法等,但尚未形成较为系统的理论。

① 采场压力实测反演方法

1992 年,Park 等指出,在周末、假期等空闲期,井下采煤工作面液压支架压力会随工作面开采作业搁浅时间的延长而增大(搁浅期的几个小时内,液压支架压力表即达到溢流压力,且液压支架处于持续溢流状态直到采煤工序恢复)。随后他们研究了工作面周期来压位置及与液压支架时均压力的耦合关系,指出二者之间存在一定的非线性关系[74-75]。1997—2000 年,美国学者 Deb 在某盘区液压支架在推进过程中压力变化规律研究的基础上指出(观测推进长度约 500 m),液压支架初撑力较小时会促使周期来压期间液压支架承担的冲击动载更强。通过运用液压支架立柱压力实时监测程序(LoScOms 软件),工作面作业人员可以实现对长壁开采工作面周期来压现象的有效预测,从而有助于解决工作面的顶板管理问题、液压支架维护问题及工作面管理问题[76-77]。1998 年,美国学者 Peng 从液压支架立柱压力变化监测角度出发,定义了液压支架立柱系统的 5 个工作阶段,明确了液压支架立柱系统在各阶段的压力变化规律,并指出通过研究、监测及预判立柱压力变化规律能较好地对顶板压力进行反向演绎[78]。2002 年,美国学者 Barczak 报导了美国国立职业安全与健康研究所开发的掩护式液压支架立柱压力在线监测程序,实现了对液压支架监测质量问题(如立柱泄漏、初撑力过低、溢流压力不足等)的实时预警[79]。2005 年,澳大利亚学者 Trueman 等通过研究液压支架在一个典型工作周期内(从液压支架初撑顶板开始至降柱移架结束)的压力变化规律,指出液压支架的载荷循环特征能较好地描述其与顶板的耦合关系。前人利用液压支架压力传感器采集了大量矿压数据,较少有人就矿压变化规律展开分析研究,因此他们对液压支架推进 1 590 m、累计超过 50 万次的工作周期压力数据进行分析,论证了液压支架与围岩的耦合适应关系,指出了初撑力等因素对液压支架支护效果的影响[80-84]。2011 年,波兰学者 Płonka 等及澳大利亚学者 Hoyer(LVA 矿压分析软件),从液压支架立柱压力角度出发,分析了液压支架与工作面顶板间的耦合关系。研究成果认为,通过监测、分析立柱压力变化规律能有效评价液压支架-采场耦合适应性,甚至能对顶板灾害进行超前预测[85-87]。2015 年,Cheng 等以美国 Cumberland 矿区 LW61 盘区 235 台液压支架的矿压监测数据(32 000 组周期数据)为研究对象,采用 IDSS 矿压分析软件分析了采煤机截割及邻架移架过程中液压支架的压力波动规律,指出液压支架立柱压力与该支架至采煤机滚筒的距离呈二次函数关系。此外,液压支架的低初撑力会使液压支架立柱压力在采煤机截割及邻架移架期间产生较大的突变[88]。

② 采场数值模拟方法

近些年,随着计算机技术的飞速发展,大型采场数值模拟应用成为可能,从而进一步补充了长壁开采工作面液压支架与围岩耦合作用研究的空白。

2003 年波兰学者 Szweda 以 4 个工作面实际工况为例(Belszoweice 矿区 502 工作面,Wuek 矿区 501 工作面,Szlensk 工作面 414/1 工作面及 Poromka Klimontow 矿区 510 工作面,4 个工作面均采用波兰的 FAZOS 系列液压支架),从 3 个角度出发研究了围岩的冲击来压倾向,指出顶板压力对液压支架的载荷有一定的脉冲特性,并基于此确立了其作用于液压支架的动载荷,进而指导了工作面对液压支架的选型设计[89-91]。2005 年波兰学者 Prusek 通过构建采场数值分析模型,研究了梁端控顶距与工作面顶板稳定性的联系,指出控顶距越大则顶板冒落倾向越严重。这也被 Masny 等学者证实[92-93]。2005 年土耳其学者 Yasitli 等以 Omerler 矿区放顶煤开采为例,基于 Hoek-Brown 破坏准则,利用 FLAC[3D] 软件建立了采场数值分析模型,分析了顶煤穿越放顶煤液压支架放煤口时的运移特性,并研究了顶煤预破碎位置对放煤效果的影响,指出为了降低混矸率、提高煤炭的采出率和工作效率,顶煤应尽可能均匀破碎[94]。2008 年伊朗学者 Saeedi 等采用 FLAC[2D] 软件分析了长壁开采方法中采深、地应力、采煤机上方空顶区顶板形状及煤层倾角等因素对顶板冒漏及采出煤炭混矸率的影响,指出顶板的等效线性松弛以及底板的等深移近是顶板离层形成的重要因素[95-96]。2009 年印度学者 Singh 等采用数值模拟方案分析了动载荷(基于运动学原理估算采场动载荷)对液压支架及其所配备的快速溢流阀的影响,还对液压支架溢流过程中快速溢流阀的动态启闭速度进行评估,进而确定了快速溢流阀的最小响应时间及最小泄流峰值,从而实现了安全阀对采场动压的安全有效卸压[97-98]。2007 年(2012)印度学者 Verma 等利用 FLAC[2D] 软件建立了长壁采场有效元分析模型,通过对液压支架设置不同工作阻力研究了不同围岩内聚力及摩擦角、不同采深条件下液压支架与围岩的耦合关系(液压支架合理载荷、顶底板移近变化趋势以及工作面煤壁应力峰值分布)及液压支架各构件应力分布情况。结果表明随围岩内聚力的降低,液压支架立柱所受压力趋于减小;另外,不同采深下液压支架的支护效果不同,随采深的增加,液压支架工作阻力增大[99]。随后在 2011—2016 年,伊朗学者 Hosseini 等、Shabanimashcool 等、Witek 等、Tan 等及印度学者 Mangal 等利用数值模拟方法(如 Hosseini 采用了 Phase[2] 软件)分析了长壁开采垮落式顶板管理方式采场条件下工作面顶板的垮落机理,并研究了围岩性质变化对顶板周期垮落步距、载荷强度及载荷持续时间的影响,以及垮落特征及其对液压支架载荷的影响,指出随着直接顶及基本顶质量的增大,采场周期来压间隔步距亦增大[100-104]。

③ GRC 理论反演方法

GRC 理论最初用于隧道支护,作业人员通过综合检测液压支架立柱载荷特性曲线及顶板沉降曲线,可以评判隧道的支护效果。随后美国学者 Brady、Carranza-torres 等、Barczak,澳大利亚学者 Medhurst、Esterhuizen 等,波兰学者 Prusek 等发现较硬岩层条件下的煤层开采非常适合采用上述理论,并指出通过现场观测、理论分析计算及数值模拟计算等方法可以获取顶板沉降收敛曲线,且不同围岩地质条件下,工作面 GRC 曲线表现出不同的收敛趋势[105-113]。基于此,结合液压支架的工作性能曲线即可指导各种工作面液压支架的架型选取、结构参数优化以及顶底板移近控制等。但国外关于这一理论的实施大多停滞于理论分析阶段,且因更为注重液压支架支护作用下的顶底板移近行为,而仅将液压支架视为线弹性支护结构,显然这与液压支架的被动非线性支护过程有较大差异。

(2)国内研究现状

虽然国内对液压支架-围岩耦合理论的研究起步较晚,但天地科技股份有限公司王国法及其团队所提出的液压支架-耦合理论已经较系统、较完善地给出了液压支架与围岩的强度、刚度及稳定性的耦合关系。

① 液压支架-围岩耦合理论方面

1964 年,北京矿业学院李鸿昌教授首次在实验室发现了支架工作阻力和顶板下沉量呈双曲线关系的规律,并在现场实测分析中得到了证实[114]。1986 年,史元伟从直接顶裂隙防治角度出发,对液压支架工作阻力与岩层控顶效果进行研究,明确了液压支架的刚度概念(顶板每下沉一个单位所引起的液压支架阻力增量),指出为减小工作面顶板的离层裂隙及拉伸裂隙,必须保证液压支架有一定的刚度[115]。1987—1989 年,钱鸣高团队从所研究的关键层理论角度出发,进一步分析研究了液压支架工作阻力与顶板沉降量间的双曲变量关系[116-117]。2006 年,刘俊峰研究了在大采高工作面条件下,采高、关键层位置及煤层硬度对大采高液压支架适应性的影响,并给出了大采高液压支架支护强度的确定方法及防止煤壁片帮所需的支护强度[118]。2007 年,鹿志发以浅埋深采煤工作面为研究对象,基于关键层理论分析了二柱掩护式液压支架的适应性[119]。2011 年,王国法等提出了液压支架-围岩耦合概念,并据此提出了大采高放顶煤液压支架三维动态优化设计方法[120]。随后于 2014 年,王国法指出现有矿山压力假说主要以顶板运移破断规律为主,该理论对采场矿压理论发展起到了重要推动作用,但同时现有理论忽视或淡化了液压支架对顶板运移破断规律的影响,并首次提出了液压支架-围岩刚度、强度及稳定性综合评价模型,分析了液压支架分别与围岩的强度、刚度和稳定性的耦合规律[121]。2015 年,吴凤东以大海则煤矿大采高工作面为研究背景,构建了液压支架-围岩耦合力学模型及数值分析模型,讨论了大采高综采技术的适应性[33]。随后在 2015—2018 年间,王国法及其团队针对液压支架-围岩耦合理论作了大量分析研究,细化分析了大采高液压支架、放顶煤液压支架及超前支护液压支架等一系列液压支架与围岩耦合支护技术理论体系,指出将围岩与液压支架分开研究不利于综采工作面围岩控制[122-130]。2014 年,杨朋等从系统刚度角度出发,结合任楼矿区 2# 煤层Ⅱ$7_2$11 工作面实际工况分析了工作面采高变化对液压支架刚度需求的变化情况,指出随工作面采高的增大,液压支架刚度亦需提高,以实现对工作面的支护需求[131]。2015 年,徐刚针对液压支架刚度试验数据缺失现状,采用 ZTN-1 型液压支架试验台对四种不同型号液压支架的刚度进行了加载测试,并基于弹性地基梁理论研究了液压支架刚度与顶底板移近量间的关系。结果表明工作面系统刚度在围岩应力破碎前主要取决于液压支架刚度,所选取的液压支架刚度越大,则顶板沉降量越小,即增大液压支架刚度有利于工作面顶板管理和控制[132]。2016年,郑贺斌对放顶煤工作面液压支架适应性进行了分析,并运用FLAC³D软件对不同支护强度作用下顶底板移近规律及应力分布规律进行了数值模拟,得到了长治三元煤业股份有限公司1312工作面液压支架的合理支护强度[133]。2017年,郝永青以上湾矿12401大采高工作面为研究背景,运用FLAC³D软件及UDEC软件构建了采场数值分析模型,对大采高采场顶板的运移规律展开研究,指出液压支架循环末阻力与初撑力呈正比线性关系,液压支架初撑力越大,循环末阻力越大[134]。2017年,刘博通过分析液压支架初撑力对顶板沉降量的影响,指出液压支架刚度不直接影响上覆岩层沉降量,但会间接影响工作面顶板断裂位置。随着液压支架-围岩系统刚度增大,基本顶断裂位置会后移,最终将断裂冲击载荷甩入采空区进而降低对液压支架的冲击动载作用[135]。2018年,伍永平等针对液压支架设计过程中和三维物理模拟实验中存在的刚度、强度及稳定性缺陷,通过建立考虑邻架推挤影响的液压支架三维力学模型,试制了满足液压支架结构及现场环境工况的围岩-支架耦合试验台及其相关测控系统,并对测控系统的相关性能进行了表征测试,试验取得了较好的效果[136]。2018年,梁利闯等从机构学及运动学角度出发,建立了考虑液压支架机-液耦合特征的液压支架刚度矩阵,系统地分析了液压支架参数对其刚度的影响[137]。

② 液压支架强度适应性方面

在液压支架强度适应性方面,国内外众多学者采用ANSYS和ABAQUS等有限元分析软件对充填支架、超前支架、放顶煤支架等架型进行了整架及关键元部件的静力学结构强度分析[138-148],采用AMESim及Fluent等软件对液压支架安全阀、液控单向阀及立柱等构件的液压抗冲击能力进行分析[149-154],证明所述方法在验证液压支架强度适应性方面具有较好的效果。但同时,上述方法也表现出了明显的不足:① 当对液压支架进行单纯静力学分析时,由于加载方式的限制,液压支架掩护梁及各构件铰接点应力分布在多种工况下存在不可思议的应力降低区(应力值极小),而实际应用中液压支架各构件铰接轴在冲击载荷下的弯扭、断裂现象时有发生;② 采用液压支架系统建模方案构建液压支架的液压系统仿真模型时通常只能考虑立柱系统或平衡千斤顶系统,显然这种建模方案在考量液压支架整架性能时较为片面,难以对液压支架的整架动态响应进行有效评估。

1.2.4 液压支架平衡区理论研究现状

国外有关液压支架平衡区理论的研究较少,相关研究多集中在国内。专家学者们在研究、论证液压支架平衡千斤顶对液压支架的主动调节作用时发现了平衡千斤顶推拉作用对液压支架平衡区的影响,随后对此展开了大量研究。然而,经过几十年的发展,针对液压支架平衡区理论的研究仍集中在理论分析方法、单区承载、水平定姿及二维对称载荷工况等方面。

1981年,周永昌针对二柱式架型提出了力平衡区概念,认为液压支架承载能力主要与平衡千斤顶工作特性有关,并将顶梁承载区分为立柱工作区及平衡千斤顶工作区[155]。1982年,陈忠恕等在讨论平衡千斤顶对掩护式液压支架的作用时,分别分析了不同顶梁前后段比工况条件下(平衡千斤顶上铰接点分顶梁前后段)平衡千斤顶推拉工况对液压支架支护性能的影响,指出平衡千斤顶的推拉工况有利于提高液压支架的前端支顶能力和后端切顶能力,并给出了平衡千斤顶推拉力及有效推拉长度的确定方案[156]。1991 年,王国法针对掩护式液压支架平衡千斤顶及其连接耳座损坏原因对液压支架的结构特点以及平衡千斤顶的推拉局限性展开分析,并提出在顶护梁和掩护梁间增加机械限位装置以提高液压支架寿命的方案[157]。1993—1994 年,王国彪、高荣等研究了平衡千斤顶及其耳座的损毁机制,分析了平衡千斤顶定位尺寸对液压支架承载能力的影响,随后指出液压支架的力平衡区能直观反映支架承载特性及其对顶板载荷的适应性[158-160]。2008 年,刘洪宇等针对反四连杆液压支架承载力平衡区展开研究,指出液压支架承载力随液压支架开采高度的增大亦逐渐增大[161]。2009 年,杨培举针对二柱式放顶煤支架,将数值模拟及相似试验相结合分析了其与围岩的耦合适应关系,探讨了支架顶梁前后比、平衡千斤顶及立柱阻力对二者耦合关系的影响[162]。2010 年,曹春玲等基于 Visual Basic 开发液压支架承载能力分析系统,实现了液压支架不同推拉作用下承载能力区的定性评估[163]。2012—2013 年,张震等、刘付营等、马端志等分析了大采高放顶煤支架平衡千斤顶对围岩载荷的适应性[164-166]。2013 年,张华磊等针对大采高综采工作面在顶板破碎条件下液压支架平衡千斤顶易损问题展开研究,通过建立液压支架平衡千斤顶、连接耳座及掩护梁的力学模型,指出顶板破碎条件下耳座的焊接处受拉开裂和贯通是致损的主要原因[167]。2014 年,张浩以许疃矿在 7229 大采高工作面所用的 ZY11000/28/63 型大采高液压支架为例,对液压支架整架进行受力分析并制定了液压支架的平衡区图谱[168]。刘志阳针对新阳矿极近距离采空区条件下综放工作面矿压规律分布问题展开研究,通过建立四柱式液压支架和二柱式液压支架的空间力学模型首次构建了空间非对称载荷条件下液压支架承载区分布模型(忽略顶梁顶结构件定位尺寸高度)[169]。栗建平以放顶煤 ZFY12500/25/39D 型液压支架为研究对象对围岩载荷的适应性进行分析,指出将平衡千斤顶工作阻力提高 10% 可大幅提高液压支架顶梁前端的承载能力和对外载变化的适应性[170]。2015 年,李化敏等通过对比二柱式及四柱式液压支架结构特征研究了液压支架平衡区分布的影响因素,并对比了二柱式及四柱式结构特性对平衡区承载特性的影响,指出由于厚煤层放顶煤工作面放煤作用位置多变,液压支架平衡千斤顶更易损坏,因此适于选用平衡区宽度更大的四柱式液压支架。这也被冯军发等所验证[171-172]。2016—2017 年,徐亚军等和侯运炳等依据液压支架接顶情况差异,对液压支架顶梁载荷平衡区分布进行重定义与划分,并定性地分析了立柱、平衡千斤顶阻力等参数对载荷平衡区分布的影响[173-174]。

1.2.5　液压支架姿态监控技术研究现状

　　液压支架支护性能不仅与其支护强度相关,同时取决于液压支架支护姿态(架型适应性分析)及调姿速度(降低移架期间顶板沉降量)[99,173]。为获取液压支架的实时支护状态和提高支架动作速度,有必要研究液压支架位姿智能检控技术[175]。国内外文献与此课题方向相关研究主要集中在液压支架的参数化建模(四连杆优化)及智能求解算法。目前国内外在求解连杆机构非线性方程组时多采用牛顿算法、遗传算法、细菌觅食算法等,这样的迭代效率较差(根据用户提供参数、初值依赖度、全局寻优能力及收敛速度评定),且不满足支架位姿检控高速、高精度、高稳定性的使用需求[176-183]。

　　(1)国外研究现状

1998 年，斯洛文尼亚学者 Oblak 等为确保液压支架顶梁端点尽可能依据理想轨迹运行，以 2s-1600 型液压支架为例，建立了液压支架的四连杆参数化结构优化设计模型[176]。2000 年，Oblak 等在分析建立液压支架四连杆参数化结构优化模型的基础上，建立了考虑各铰点装配、容差加工的顶梁运动轨迹优化模型，并利用数值求解算法分析解算了各优化参数数值解[177]。2002 年，斯洛文尼亚学者 Prebil 等对液压支架四连杆结构参数优化问题展开分析，指出液压支架四连杆结构优化的关键在于其非线性方程组的优化求解及目标参数的约束，首次提出运用自适应网格改进法求解液压支架四连杆参数的优化解集，为现代液压支架优化设计提供新的思路[178]。2003 年，墨西哥学者 Uicker 等利用欧拉公式构建四连杆机构的闭环矢量方程组，分析了四连杆机构的运动学特性[179]。2005 年，土耳其学者 Gündoğdu 通过构建四连杆机构完整空间状态数学模型，分析研究了非恒速直流电机驱动条件下四连杆机构的运动学特性[180]。2004 年，土耳其学者 Mermetaş 针对机械手动力学性能优化问题建立了其平面四连杆机构参数化数学模型，并利用基于群体智能算法的细菌觅食算法完成了优化求解[181]。2009 年，Erkaya 等利用神经网络方法建立了由摩擦磨损引起双铰点装配误差的四连杆运动学及动力学分析模型，并以降低轴承容差对结构振动的影响为优化目标利用遗传算法对四连杆参数进行优化设计[182]。美国学者 Roston 等及印度学者 Acharyya 等分析了五点拟合条件下四连杆机构运动学特性，分别应用改进的遗传算法及演化算法对四连杆机构的拟合轨迹进行参数优化[183-185]。2013 年，墨西哥学者 Mezura-montes 等针对四连杆机构的多目标约束优化问题，提出了改进的细菌觅食算法及优化适应度选择准则并对双边界约束条件下的四连杆机构参数进行了优化改进[186]。2016 年，伊朗学者 Felezi 等针对水稻移栽机的运动轨迹优化问题，提出了基于多目标统一的遗传算法并对四连杆结构参数进行优化[187]。

（2）国内研究现状

2006 年，毛君利用 Visual Basic 程序开发了在掩护式支架处于水平姿态条件下，以液压支架工作高度、后连杆水平倾角为自变量的前序四连杆运动学分析方法，借助黄金分割法对建立的一阶非线性方程进行求解并对支架四连杆进行结构优化[188]。同年，白雪峰分析了液压支架姿态与围岩破坏的关系，以检测二柱掩护式液压支架姿态为目标，运用坐标参数法建立了平衡千斤顶行程及以支架前连杆倾角为自变量的液压支架位姿解析方程组，并提出了以支架压力为检测目标的位姿检测方案[189]。2011 年，赵彬建立了以四柱支掩式液压支架双立柱长度为自变量的液压支架顶梁轨迹变化参数化模型，开发了遗传算法并以四连杆运动轨迹为优化目标对液压支架四连杆结构参数进行了优化求解[190]。2011 年，闫海峰构建了二柱式液压支架虚拟位姿高斯矢量方程，并开发了遗传算法和拟牛顿算法结合的优化算法对上述方程组进行数值解算[191]。2011 年，林福严等针对支撑掩护式液压支架建立了前后立柱长度与支架前连杆倾角及顶梁俯仰角间的坐标解析表达式，并以 ZZ4000/17/35 型支掩式液压支架为例，利用区间二分法建立了位姿解算方案[192]。2014 年，江海波建立了在二柱式支架顶梁角度可调姿态条件下以液压支架工作高度为自变量、支架顶梁运动轨迹为目标变量的支架参数化方程[193]。2014 年，陈占营等针对四柱支撑掩护式放顶煤液压支架位姿检测问题，通过分析四连杆机构变形特性建立了其闭环矢量方程并将遗传算法和牛顿算法相结合求解支架位姿参数高精度数值解[194]。郑州煤矿机械集团股份有限公司采用液压支架设计软件 OPT，以传统瞬心法为核心理论算法、后连杆角度为自变量求解了支架高度参数。OPT 算法无法实现支架的姿态逆解,且该算法存在误差随支架结构尺寸增大而变大的问题[191]。2016 年,Sun 等对四连杆机构运动学特性优化问题展开研究,开发了基于哈尔小波变换的非整数周期函数发生器并对四连杆机构输出变量的小波特征参数进行描述,研究了小波特征参数间的内在联系,并利用遗传算法对四连杆机构参数进行了优化[195]。

1.2.6　机电液协同仿真技术研究现状

1.2.5 小节中叙述了二柱掩护式液压支架支护状态智能检测技术能够实现液压支架的实时姿态解算,为液压支架的姿态控制提供前序支持。但实现液压支架位姿对顶板条件的精准自适应控制还需要对液压支架的调姿动作方案进行分析,以确保支架能迅速准确到达目标位态。而液压支架包含机械运动单元、液压驱动单元及电气控制单元,该体系是典型的机电液三域协同工作系统。现有研究中实现机电、机液、电液等两域协同仿真的文献较多,但对三域协同仿真过程进行模拟分析的文献较少。此外,现有机液协同仿真研究多针对单缸单变量输入、输出系统,大采高液压支架双伸缩立柱系统及平衡千斤顶系统耦合形成多变量输入、多变量输出系统的研究鲜见。

（1）国外研究现状

2006 年,韩国学者 Cho 等为研究混合动力汽车（HEV）的燃油经济性问题,利用 AMESim 和 MATLAB 软件对车辆动力系统的火花直喷模块（SIDI）、集成起动发电机模块（ISA）及无级变速传统模块（IVT）展开了电液协同仿真研究[196]。2007—2010 年,意大利学者 Roccatello 等和 Chen 等利用 ADAMS 和 AMESim 软件构建了轴向柱塞泵的机液协同仿真平台并对轴向柱塞泵机液协同系统动力学特性展开分析,指出基于多体动力学的机液协同仿真平台对解决复杂液压系统中的流体力学、摩擦力学问题具有重要意义[197-198]。2016 年,波兰学者 Męzyk 等为研究电控永磁单机与截割头机械传动系统直连的连采机截割时动力系统的振动行为,提出了基于 Ls-dyna 和 MATLAB 的机电协同仿真模型[199]。同年,意大利学者 Barbagallo 等针对高动力学性能摩托车试验平台开发问题展开分析研究,利用 ADAMS 及 MATLAB/Simulink 软件建立考虑骑手和摩托车等多方面因素的动态性能和控制系统的机电协同仿真模型,等等[200-202]。

（2）国内研究现状

2008 年,杨秀清针对搬运机械手,基于 MATLAB、ADAMS 软件及其 Hraulics 模块构建了机电液协同仿真平台[203]。同年,马长林等以大型液压缸起竖动作为例,提出了以 Simulink 为主导的单缸系统的机液联合仿真方案,为机电液一体化系统的协同研发提供有力的技术支持。这得到了杨艳妮等的验证[204-205]。2010 年,吴小旺以四柱单伸缩支撑式液压支架为研究对象,构建了基于 Easy5 及 ADAMS 软件的机液协同仿真模型[206]。2011 年,王保明基于 ADAMS 软件及其自带 Hraulics 模块构建了将单伸缩液压支架机械系统和液压系统联合的仿真模型[207]。2015 年,Zhou 等为研究无人驾驶飞艇二轴惯性稳定平台 ISP 系统的控制性能及可靠性,提出了基于 ADAMS 和 MATLAB 软件的机电协同仿真模型,分析了运行工况条件下系统的运动学和动力学特性,指出虚拟样机协同仿真方法是获取和优化 ISP 系统控制参数的有效手段[208]。2015 年,Pan 等针对穿戴式外骨骼机械非线性系统的参数不确定性,提出了基于 ADAMS 和 MATLAB 软件的协同仿真平台及模糊 PID 控制算法并对外骨骼机器人系统的拓扑结构和步态特征进行分析,指出协同仿真方法对开发智能机器人具有重要意义[209]。2015 年,杨阳等、纭佳航针对采煤机截割系统可靠性低和适应性差的问题,设计了一种机电液短程截割传动系统及其自适应控制方法,建立了关于泵控马达系统、蓄能器和滚筒负载的数学模型,并基于 AMESim 和 MATLAB /Simulink 软件构建了电液联合仿真平台[210-211]。2016 年,彭天好等针对采煤机滚筒调高时存在的调高动态特性较差、控制精度较低等问题,将电液比例阀控缸闭环调高系统应用于某型薄煤层采煤机,分别利用 ADAMS 和 AMESim 软件建立了采煤机虚拟样机的动力学模型和电液比例调高系统模型,并进行了电液比例阀控缸闭环调高系统的动态特性和控制特性仿真研究[212-214]。曾庆良等针对采煤机滚筒割煤时的摇臂强振动问题,采用 AMESim 及 ADAMS 软件建立了采煤机的机液协同仿真模型,分析了多参数变化对采煤机摇臂齿轮冲击的影响[215]。2017 年,陈娟等针对六自由度并联机器人设计优化问题,建立了基于 ISIGHT 的离散式机电液一体化仿真平台,解决了机电液一体化(多缸)系统的优化问题[216]。哈尔滨理工大学尤波等为解决机械手臂的连续、平滑控制问题,搭建了基于 ADAMS 及 MATLAB 软件的机电耦合仿真平台,研究了各机械手臂各关节的位移、速度、加速度等参数的时变特性,从而实现了机械手臂的虚拟监测和精准复现控制[217]。

1.2.7 现有研究中存在的不足

国内外学者对液压支架-围岩耦合适应性理论、载荷平衡区理论及智能支护技术开展了大量的理论分析、数值模拟及工业试验,为本书的研究提供了研究思路及研究基础,但同时现有研究在所述研究领域仍存在以下几个问题。

① 现有研究在分析液压支架合理支护强度时,通常单独讨论液压支架支护力对工作面顶底板移近控制及煤壁片帮控制的影响,且现有研究普遍面向 7 m 及 7 m 以下埋深,有关 8 m 及以上采高液压支架采场支护强度分析的报道较少。

② 现有的液压支架-围岩耦合模型较为详尽、完善地指出了不同型号液压支架与不同地质条件下围岩间的刚度、强度及稳定性耦合关系,并指出该耦合理论是评价液压支架适应性的重要指标。但该理论相对较抽象,在实际应用时不能有效地用于液压支架适应性评估。

③ 经过 20 余年的发展,现有液压支架承载能力区理论(架型适应性理论)依然停滞在平面、定姿、空间对称、单区载荷层面,显然该理论无法满足在实际开采过程中对液压支架支护状态的实时、连续评估。

④ 现有液压支架智能位姿检测控制技术主要从理论分析层面出发,仅基于关键结构件的倾角监测以实现对液压支架位姿的实时监测,而不能明确液压支架位态与主动驱动件间的主动作用,进而无法对液压支架位姿进行有效调控,且采用倾角类液压支架姿态监测技术存在监测精度低、受采煤机截割振动影响明显等缺陷。在液压支架非线性位姿方程组解算方面,现有研究多采用牛顿算法、遗传算法(200 种群迭代 300 次)或其组合,存在对初值依赖严重、解算速度严重滞后、局部收敛导致早熟等问题。

⑤ 从机电液协同仿真角度而言,目前国内外先进协同仿真方法主要应用于机器人、车辆等工程机械方面。在矿山机械方面,该方法多应用于采煤机研究而尚未应用于液压支架这一复杂多缸串并联研究。另外,现有协同仿真方法多集中于机液、电液及机电两域协同仿真研究,且机液协同仿真研究多面向单缸系统,多输入/输出变量的多缸系统机电液三者协同仿真研究较少。

1.3　本书主要研究内容

　　针对以上问题,本书以金鸡滩井田 2-2^上煤层 108 工作面(以下简称 108 工作面)8.2 m 特大采高液压支架为研究对象,开展特大采高工作面液压支架适应性分析及智能调姿技术研究,综合运用理论分析、数值模拟及工业试验等手段,结合工作面实际工况对特大采高液压支架的适应性及智能调姿技术进行分析。本书主要从以下几个方面进行研究。

　　(1)基于顶板沉降控制及煤壁片帮控制的液压支架支护强度研究

　　以 108 工作面地质条件为原型,基于 FLAC^{3D}建立 8 m 特大采高工作面采场数值分析模型,分析了不同支护强度下工作面顶板的沉降特性,为液压支架-围岩刚度耦合适应性分析提供前序研究基础。同时分析了采高、工作面长度等因素对特大采高工作面矿压显现及煤壁稳定性的影响,从而确定了特大采高工作面的合理支护强度。

　　(2)大采高液压支架-围岩耦合适应性研究

　　依据大采高液压支架-围岩耦合适应性分析理论,从刚度、强度及稳定性 3 个方面出发对大采高液压支架的支护性能进行评估、考量,以确保大采高液压支架的选型设计合理有效。在刚度适应性方面,基于大采高液压支架立柱系统及平衡千斤顶系统的刚度数学模型,建立了整架系统的刚度耦合分析模型,随后通过加载模型获取液压支架载荷-位移曲线,并与前序获取的工作面顶底板移近曲线进行对比分析,从而研究了大采高液压支架的刚度适应性。在强度适应性方面,从液压支架承载角度出发,分析液压支架在静载、冲击动载工况条件下各结构件的强度有效性及各铰接点的冲击载荷传递特性。在此基础上,通过提取各铰接点的响应载荷谱分析了支架底座在不同工况条件下的底板比压分布特征,确保液压支架在有效支撑顶板的同时,能较好地保持底板前端完整度。在稳定性分析方面,从理论分析及数值模拟角度出发建立了液压支架在不同移架工况、不同采高条件下的俯仰、滑移及侧倾临界失稳模型,进而获取了大采高液压支架在各高度下的失稳倾向,还提出了液压支架稳定性提高的保障措施。

　　(3)大采高液压支架承载特性研究

　　依据液压支架的被动承载理论,以大采高液压支架适用的掩护式架型为研究对象,基于空间载荷对称假设理论构建了液压支架单区承载条件下全高度范围载荷平衡区力学模型,分析了二柱式液压支架全高度范围顶梁载荷平衡区分布特征,研究了液压支架载荷平衡区影响因素。在此基础上,结合液压支架实际工况分析了液压支架在双区承载条件下顶梁极限外载平衡条件,进一步拓展了液压支架平衡区理论,为液压支架的支护状态实时评价提供了理论支撑。

　　(4)大采高液压支架位姿智能监控技术研究

　　从整体机构学角度出发,分析了液压支架-围岩耦合位姿关系,研究了基于七杆双驱并联机构运动学理论,确定了二柱式液压支架关键位姿参数及位姿决策参数。在此基础上,建立了考虑顶梁自由变形条件下的全位姿监测模型及控制数学模型。通过分析不同收敛策略、适应度权重因子对液压支架非线性姿态监测方程组解算性能的影响,提出了改进的教习与自学解算策略,从而实现了对液压支架姿态的高速、高精度解算。通过开发液压支架姿态监控软件和搭建液压支架调姿试验平台,验证了所提出的液压支架姿态监测方法的有效性。

（5）基于机电液协同的液压支架调姿技术研究

在液压支架全位姿非线性模型高精度解算研究基础上，分析了液压支架对围岩的自适应支护需求，开发了基于闭环 PID 反馈控制的液压支架智能调姿控制器。基于流体力学及多刚体动力学建立了液压支架液压仿真模型及多刚体动力学模型，在此基础上通过设计多软件协同数据接口，搭建了面向多输入/输出复杂串并联多缸系统的液压支架机电液协同仿真试验平台，实现了对液压支架调姿行为的模拟再现以及液压支架对顶板的自适应调姿控制，同时为其他具有相似机电液特性的系统研究提供了新的仿真思路。

2　特大采高工作面矿压显现数值模拟研究

　　相较中厚煤层开采,大采高工作面一次采出煤体厚度大,工作面推进后采空区顶板的悬垂和沉降难以触矸形成自稳结构,促使作用于工作面液压支架及煤壁的载荷大幅提高,进而导致液压支架易于在开采周期内大幅降柱、煤壁易于片帮等,给大采高综采工作面的围岩控制带来一系列问题。本章在分析 108 工作面地质条件基础上,利用数值模拟分析方法构建了大采高采场数值分析模型,研究了大采高工作面矿压显现特征,确立了大采高液压支架合理支护参数,同时为液压支架刚度适应性分析提供了研究基础。

2.1　井田地质条件分析

　　金鸡滩井田位于陕西省榆林市金鸡滩区,距榆林市约 30 km,距神木市约 86 km,距包头市约 364 km,距西安市约 704 km,所属地区地势较开阔,总体地形呈东高西低布局(最高处标高为 +1 276 m,最低处标高为 +1 180 m,地标东经 109° 42′ 30″～109° 52′ 30″,北纬 38° 30′ 00″～38° 36′ 15″)。

　　金鸡滩井田煤系自上而下分为 5 个段(该井田共划分为 4 个水平,每水平有 2 个盘区),每段存在一个煤组。金鸡滩井田主要含煤地层为延安组(累计含 13 层煤层,可采煤层有 6～7 层),其中 2-2 及 2-2上、2-2下、5-2 煤层为全区可采煤层,3-1、4-2、4-3、5-3上 煤层为大部可采煤层。经综合评价认为,2-2、2-2上、3-1 及 5-2 煤层为主要可采煤层,2-2下、4-2、4-3、5-3上 煤层为次要可采煤层。金鸡滩井田延安组综合柱状图如图 2-1 所示。

　　金鸡滩井田 2-2上 煤层一盘区作为第四段全区可采煤层,其埋深为 200～305 m,可采面积为 86.6 km²。该井田西翼 2-2上 煤层厚度为 5.6～9.12 m,均厚为 7.68 m,煤层倾角小于 1°,煤厚变异系数及标准差分别为 0.09 及 0.73,平均煤质硬度系数 $f=2.8$(中等偏硬),含 0～1 层夹矸(0.09～0.75 m,多为泥岩、砂质泥岩)。2-2上 煤层赋存条件如图 2-2 所示。

　　108 工作面直接顶多为粉砂岩、细粒砂岩,厚度为 1～3 m,均厚为 1.77 m。其基本顶以石英构成的粉砂岩等巨厚砂岩体为主,厚度为 5～25 m。其直接底以泥质粉砂岩和粉砂质泥岩为主,最大抗压强度为 19.95 MPa(Ⅲ类较软底板),厚度为 4.04～8.95 m;老底为灰黑至深灰色泥岩,厚度为 16.71～25.9 m。总体而言,2-2 煤层赋存特征以特厚煤层为主,结构较为简单,为稳定煤层。

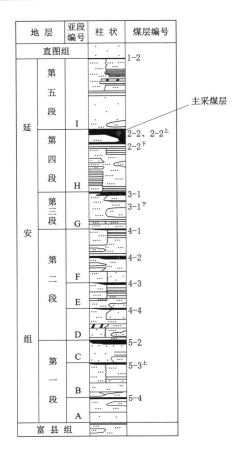

图 2-1　金鸡滩井田延安组综合柱状图

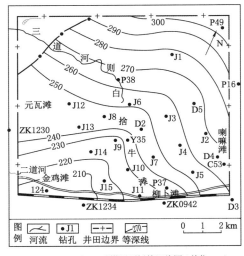

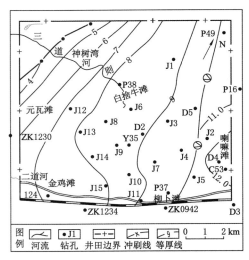

（a）2-2上煤层顶板等深线图（单位：m）　　　　（b）2-2上煤层顶板等厚线图（单位：m）

图 2-2　2-2上煤层赋存条件

2.2 特大采高综采工作面矿压显现分析

2.2.1 特大采高综采采场数值模型

图 2-3(a)所示为 2-2^{上} 煤层 108 工作面 JKY1 钻孔柱状图,图 2-3(b)所示为以图 2-3(a)为地质原型构建的数值模型(为加快仿真速度,精简建模流程,将 1.5 m 及其以下层厚岩层进行了合并处理,并尽可能以煤层均厚为建模基础对模型进行参数调节)。数值模型尺寸长度(推进方向,即走向长度 x)、宽度(液压支架布置方向,即倾向长度 y)、高度(采高方向 z)分别为 400 m、500 m、180 m。该模型包含 604 081 个节点、571 200 个单元。该模型中,基本顶厚度为 20 m,直接顶厚度为 4 m,煤层厚度为 8m,直接底厚度为 8m,老底厚度为 60 m。

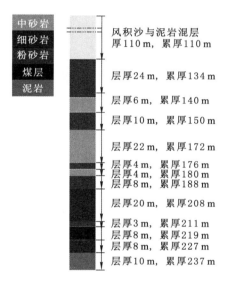

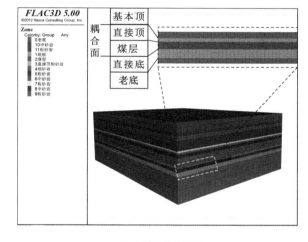

(a) 108工作面JKY1钻孔柱状图   (b) 采场数值模型

图 2-3   2-2^{上} 煤层单孔柱状图及采场数值模型

在开采长度为 300 m 的工况下,在数值模型两侧预留 100 m 保护煤柱以降低边界区域的集中效应。在数值模型上下边界、左右边界及前后边界分别设置 fix 位移约束(位移为0)。考虑煤层埋深为 211 m,模型高度为 101 m,故对模型顶部施加的等效垂向重力载荷 $p_{\text{sand}} = \gamma_{\text{sand}} h_{\text{sand}} = 2\,500 \text{ kg/m}^3 \times 10 \text{ m/s}^2 \times 110 \text{ m} = 2.75 \text{ MPa}$。由于采场体积模型较大,沿倾向长度及走向长度方向分别划分为 2~4 m 的单元网格,而为了讨论煤壁的片帮及片帮高度深度效应,将煤壁及靠近煤壁的顶板划分为 1 m 的单元网格,煤层上下边界与顶底板接触面采用耦合面连接[如图 2-3(b)]。模型求解选取 Moh-Coulomb 剪切失效准则,如式(2-1)所示。

$$\tau = c + \sigma \tan \varphi \qquad\qquad (2\text{-}1)$$

式中 τ——岩体剪切强度;

c——岩体内聚力；

σ——垂向应力；

φ——岩体内摩擦角。

由于 FLAC³ᴰ软件不能有效模拟采空区直接顶冒落对覆岩顶板的支护效应，所以拟对采空区施加 0.5 MPa 的支护阻力以降低直接顶冒落对数值模拟产生的影响[52]。模型中各岩层、煤层参数依据井田参数及经验参数而选定。煤层顶底板岩石力学参数如表 2-1 所示[81,83-84,97-98]。

表 2-1　煤层顶底板岩石力学参数

岩层类别	密度/(kg/m³)	弹性模量/GPa	剪切模量/GPa	内聚力/MPa	内摩擦角/(°)	剪胀角/(°)	抗拉强度/MPa
中砂岩 1	2 400	3.49	1.454	4.0	31.0	12	1.2
中砂岩 2	2 400	3.49	1.454	4.0	31.0	12	1.4
粉砂岩	2 420	3.48	1.450	2.0	25.6	10	1.8
细砂岩	2 360	4.36	1.801	3.2	29.0	11	2.0
煤层	1 490	1.90	0.766	2.0	28.0	12	1.4
泥岩	2 461	2.90	1.230	2.2	24.0	14	1.2

2.2.2　数值模拟结果分析

本章基于 FLAC³ᴰ软件对金鸡滩井田 108 工作面 8.2 m 采高采场进行模拟分析，在获取不同支护强度条件下采场顶板沉降响应、为第 3 章液压支架刚度适应性分析提供前序研究的基础上，分析了采高、长度等参数变化对工作面矿压显现及煤壁片帮的影响。

（1）不同支护强度对工作面矿压显现影响分析

当分析不同支护强度对工作面矿压显现影响时，数值模拟开挖方案为每次开挖 5 m（5 个移架步距，约为液压支架的支护长度），开挖厚度为 8 m，将工作面支护强度分别设置为 0 MPa、0.5 MPa、1.0 MPa、1.5 MPa、1.6 MPa、1.7 MPa、1.8 MPa、2.0 MPa、3.0 MPa，获取工作面不同推进长度时工作面尾端悬顶沉降及切顶线沉降响应（工作面前 5 m 处）。沉降结果如图 2-4 所示。由图 2-4 可知，随着工作面的推进，顶板沉降量不断增大。当工作面推进 4 次时（20 m 处），工作面切顶线沉降量在无支护工况条件下仅为 45.99 mm，当工作面推进 16 次时（80 m 处），工作面切顶线沉降支护强度为 1 MPa 条件下达 145.13 mm。同时随着工作面支护强度的增大，顶板沉降量逐渐降低，但支护效果呈逐级递减趋势。当工作面支护强度达 1.6 MPa 左右时，再单独增大支护强度对顶板控制产生的影响已经较小。因此，从顶板控制角度而言，液压支架在 1.6 MPa 时即可实现对顶板的有效控制。另外通过观测图 2-4(a) 中工作面推进 120 m 时（支护强度为 1.6 MPa）的工作面塑性区分布可知，此时距煤壁 30 m 左右处的采空区直接顶已产生大面积贯通性拉、剪强度组合塑性破坏区（顶板悬垂载荷），即采空区直接顶已产生大范围冒落、破坏，且靠近直接顶的第一层细砂岩层亦转化为"等效直接顶"开始冒落。

图 2-5(a) 所示为不同支护强度下工作面切顶线垂向位移（推进 80 m），图 2-5(b) 所示为

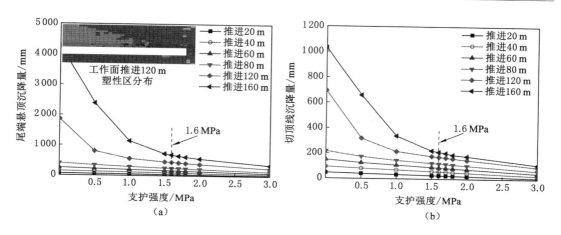

图 2-4　不同支护强度下的工作面顶板沉降情况

每推进 20 m 后工作面切顶线垂向位移(选取支护强度为 0 MPa)。由图 2-5 可知,在不同支护强度、不同推进距离工况下,工作面垂向位移最大值均出现在工作面中部位置(0 MPa 时切顶线内最大沉降量为 215 mm,1.6 MPa 时切顶线内最大沉降量为 121 mm,2.0 MPa 时切顶线内最大沉降量为 101 mm),且随着工作面推进,切顶线沉降量呈整体扩大趋势。

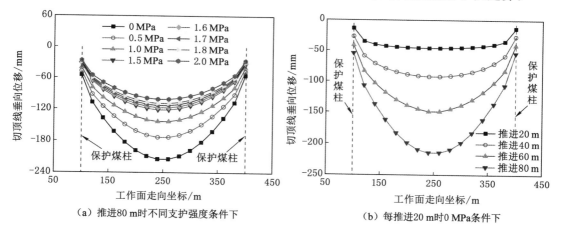

图 2-5　不同条件下的工作面切顶线垂向位移

从煤壁片帮角度出发,实质上煤层的片帮效应始终处于动态发展过程:在煤层开挖前,工作面-围岩系统在原岩应力作用下处于初始平衡状态,而煤层的步步开挖行为打破了这一平衡稳态(实际上采煤机的强截割振动行为会加大这一平衡状态打破速度,加大平衡状态破坏范围),促使工作面-围岩系统在矿山压力作用下产生动态失稳趋势。随工作面的不断推进,工作面煤壁前方不断形成超前应力支承区[31,33,52]。图 2-6 所示为 8 m 采高工作面条件下,支护强度为 1.6 MPa 时煤壁的超前支承压力分布曲线。由图 2-6 可知,随着工作面推进,煤壁超前支承压力分布曲线峰值出现在距煤壁 4～6 m 处,且随工作面推进距离的增加,煤壁超前压力分布曲线峰值逐次递增并迅速大于煤体抗压强度,进而导致煤层在开采前就进入预损伤状态,促使煤壁塑性区提前形成。当工作面来压时,煤体原始裂隙在围压作用下扩展、贯通进而促使煤壁逐渐产生拉、剪破坏[66,68,72]。

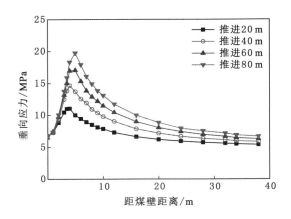

图 2-6　工作面煤壁超前支承压力分布曲线（支护强度为 1.6 MPa）

基于图 2-5 分析结果，以工作面中部煤壁为例（走向坐标 250 m，倾向坐标 80 m），测取的不同支护强度下工作面煤壁水平位移如图 2-7 所示。由图 2-7 可知，在不同支护强度下，工作面煤壁最大位移均出现在中部位置（即认定在 8 m 采高条件下，工作面最大片帮位移发生在距底板 4 m 处）。在无支护时，煤壁水平位移为 49.3 mm；在 1.6 MPa 支护强度时，煤壁水平位移为 37.7 mm；在 2.0 MPa 支护强度下，煤壁水平位移为 33.9 mm。

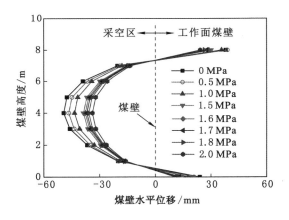

图 2-7　不同支护强度下工作面煤壁水平位移

对不同支护强度下采场塑性区体积进行结果统计，结果见图 2-8。由图 2-8 可知，随工作面推进深度不断加大，煤壁塑性区域迅速扩大。而随着工作面支护强度的增加，采场塑性区体积的增幅迅速降低。当工作面支护强度达到 1.6 MPa 时，采场塑性区增幅进入瓶颈期，即此时再单独增加支护强度时，对采场塑性区体积的影响迅速变小，亦即工作面支护强度达到 1.6 MPa 时，采场塑性区体积控制可取得较好效果。

（2）不同采高对工作面矿压显现影响分析

分别取 4 m、5 m、6 m、7 m 和 8 m 煤层采高，对比分析工作面支护强度为 1.6 MPa、工作面推进 80 m 时不同采高工况下的工作面矿压显现规律。图 2-9 所示为不同采高下工作

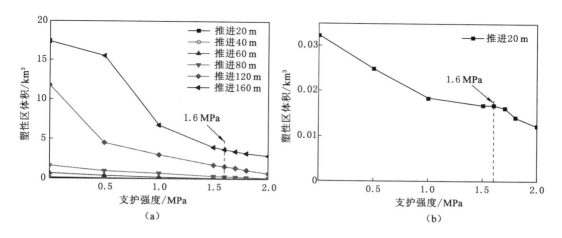

图 2-8　不同支护强度下采场塑性区体积

面控顶区绝对沉降位移及相对沉降位移。由图 2-9 可知,在相同顶板覆岩载荷、相同采空区支护方式、相同工作面支护强度及相同推进距离条件下,随着工作面采高增大,控顶区切顶线位移呈逐渐递增趋势(4 m 采高时,顶板沉降位移最大值为 106.3 mm;8 m 采高时,顶板沉降位移最大值为 117 mm)。但对控顶区相对沉降位移而言,随工作面的采高增大,顶板相对沉降位移反而呈递减趋势(4 m 采高时,切顶线相对沉降位移最大值为 26.575 mm/m;8 m 采高时,切顶线相对沉降位移最大值为 14.625 mm/m)。

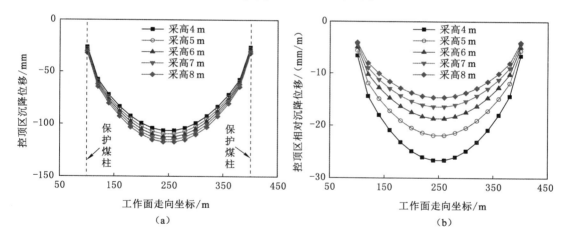

图 2-9　不同采高下工作面控顶区沉降位移

图 2-10 所示是不同采高下工作面煤壁塑性区分布(走向坐标 250 m,倾向坐标 80 m)。由图 2-10 可知,随采高的增加,煤壁塑性区深度及范围逐次增大(4 m 采高时煤壁塑性区破坏深度约为 3 m,采场截面塑性破坏区面积为 10 m²,而当采高增加至 8 m 时煤壁塑性区破坏深度达 5 m,截面塑性破坏区面积达 34 m²)。同理,将工作面暴露煤壁水平方向位移与不同采高下煤壁的片帮行为进行对比分析,所得到结果如图 2-11 所示(单元平均位移)。由图 2-11 可知,在相同开采及支护方式下,随着采高增加煤壁水平位移呈渐次递增趋势(最大

水平位移均发生在煤壁中部,即 1/2 采高处)。在 4 m 采高下暴露煤壁的最大水平位移为 25.7 mm,在 8 m 采高下暴露煤壁的最大水平位移为 37.7 mm,即随采高的增加,煤壁稳定性逐渐变差。显然,随着采高的增加,煤壁的片帮支护高度将不断增大,这对液压支架护帮板支护结构提出了更高的要求。

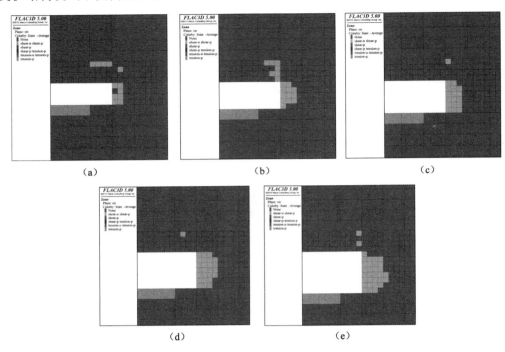

图 2-10　不同采高下工作面暴露煤壁塑性区分布

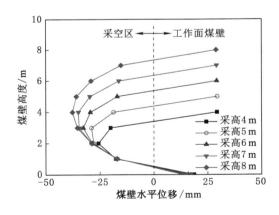

图 2-11　不同采高下工作面煤壁水平位移

图 2-12 所示为不同采高下工作面矿压评估数据统计。由图 2-12 可知,在相同开采、支护方式及相同推进距离下,控顶区内暴露煤柱侧边峰值压力随采高增大呈递减趋势(8 m 采高时煤壁侧边峰压为 10.24 MPa,而采高为 4 m 时煤壁侧边峰压为 12.34 MPa),结合图 2-9

中随工作面采高增加顶板相对沉降位移降低现象,就不难预估随工作面采高增加采场塑性区体积固然呈减小趋势。如图 2-12 所示,在 4 m 采高下,采场塑性区体积为 0.368 7 km²;在 8 m 采高下,采场塑性区体积仅为 0.283 3 km²。

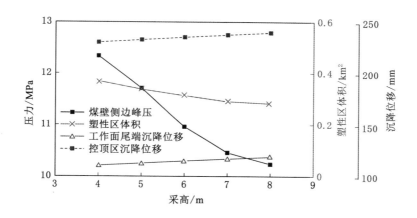

图 2-12　不同采高下工作面矿压评估数据统计

（3）不同工作面长度对工作面矿压显现影响分析

当工作面推进 80 m、支护强度为 1.6 MPa 时,将工作面长度分别设置为 100 m、200 m、250 m、300 m 及 350 m 进而对大采高采场进行数值模拟分析,并分别对工作面顶板上方 70 m 处应力进行标注。图 2-13 所示为采高为 8 m 时工作面尾端(采空区)垂向应力分布(可扫描图中二维码获取彩图,下同)。由图 2-13 可知,随着工作面长度的加大,工作面尾端应力分布由拱形应力集中区过渡至鞍形应力释放区(卸压区),且鞍形应力释放区随工作面长度增加而扩大,标注垂向应力由 1.46 MPa 降至 1.34 MPa。即随工作面长度的增加,工作面采空区应力释放更迅速、充分。

从工作面支护角度出发讨论工作面长度增大对工作面压力显现的影响,得到了控顶区垂向应力及工作面拱脚垂向应力分布。不同工作面长度下工作面控顶区应力分布如图 2-14 所示。由图 2-14 可知,随工作面长度的增加,虽然采空区应力释放较充分,但工作面应力渐呈增大趋势(当工作面长度为 100 m 时,控顶区垂向应力为 4.21 MPa;当工作面长度为 350 m 时,控顶区垂向应力达 5.85 MPa)。从工作面拱脚垂向应力分布出发,在不同工作面长度工况下,保护煤柱处拱脚垂向应力极大(达 9.5～11.5 MPa)。且随着工作面长度的不断加大及工作面的推进,该应力值会不断增大并削弱临近采空区的煤柱强度及稳定性,进而弱化工作面两端巷道支护效果,给大长度工作面支护带来一系列问题。

图 2-15 所示为工作面长度增大时,煤壁倾向长度为 250 m 处的水平位移。由图 2-15 可知,随着工作面长度的增大,煤壁顶底部暴露线受到的挤压效应逐渐增强(工作面长度为 100 m 时,煤壁水平位移最大值为 18.14 mm,工作面长度为 350 m 时,煤壁水平位移最大值为 40.6 mm),进而促使煤壁出现更大的水平位移,即煤壁片帮趋势越发强烈。同时不难观测到,不同工作面长度条件下,煤壁水平位移最大值仍出现在中部 4 m 处,即工作面长度变化对煤壁片帮出现位置未产生较大影响。

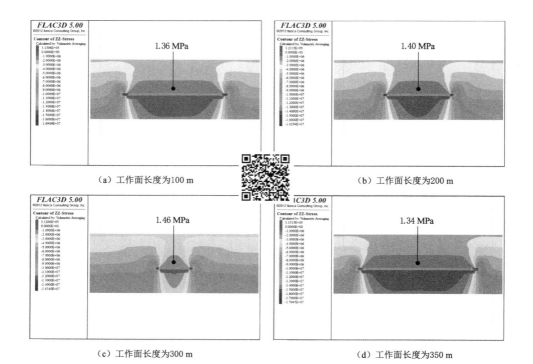

（a）工作面长度为100 m   （b）工作面长度为200 m

（c）工作面长度为300 m   （d）工作面长度为350 m

图 2-13　不同工作面长度下工作面尾端应力分布（采高为 8 m）

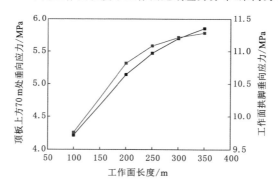

图 2-14　不同工作面长度下工作面控顶区应力分布

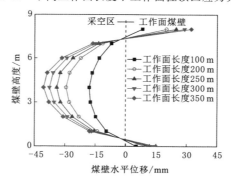

图 2-15　不同工作面长度下工作面煤壁水平位移（煤壁倾向长度为 250 m）

3　特大采高液压支架适应性分析研究

　　长期以来,学者们在研究液压支架-围岩耦合适应性关系时,普遍从围岩支护角度出发,将工作面液压支架支护体系视为简单的静力支撑结构,即认为一旦工作面架型确定,其工作阻力及对围岩的支护力就是定值。而在实际开采过程中,液压支架作为连接工作面顶底板,隔断煤壁与采空区的关键支护结构,其与围岩始终处于相互作用的动态平衡体系中:随着工作面的推进,直接顶在上覆围岩作用下不断产生沉降并发生不规则垮落,此时液压支架将主动调节自身位态以适应并在一定范围内节制顶板的暂态运动,进而维护工作面生产空间安全。在这一过程中,液压支架表现出的刚度、强度及稳定性就是工作面液压支架与围岩的耦合适应性。

3.1　特大采高液压支架刚度适应性分析

3.1.1　液压支架工作过程分析

　　液压支架从布置于工作面支撑顶板开始,到采煤机割煤阶段完成、液压支架降柱拉架结构构成了一个典型的工作循环[78,88]。在这一循环中,液压支架的主要作用为:支护煤壁,防止煤壁出现片帮;隔离采空区,防止冒落矸石混入开采面;支撑顶板,防止支架前方出现冒顶(岩石成块垮落)及产生过大的顶底板移近量 X(图 3-1)。由图 3-1 可知,X 为工作面顶板沉降位移,h 为液压支架降柱量。在这一循环中,液压支架所表现出的载荷-位移特性,即液压支架的刚度特性。

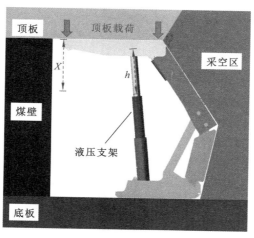

图 3-1　液压支架支护示意图

现有研究在定义液压支架工作过程时,依据液压支架动作顺序及立柱压力变化,将该工作过程定义为升柱初撑、快速增阻、稳压承载、降柱移架四个阶段[78,218]。本书在讨论液压支架刚度时,考虑大采高液压支架多采用双伸缩立柱,且当液压支架对顶板进行主动支撑、被动承载时,一级缸及二级缸表现出不同刚度特性,因此可将双伸缩立柱等效为串联弹簧(图 3-2),其刚度数学模型见 3.1.2 节。其中,Y 为活柱计算长度,y_1(y_2)为一级缸(二级缸)液柱长度,D_1(D_2)和 d_1(d_2)分别为一级缸(二级缸)外径和内径,d_3 为活柱直径[219]。

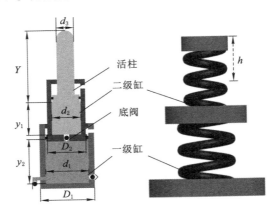

图 3-2 双伸缩立柱及其等效弹簧

图 3-3 所示为基于等效串联弹簧理论考虑液压支架刚度变化时,其单个工作循环中的负载-位移特性曲线(主要考虑立柱)。其中,$X_0 \sim X_4$ 分别为各阶段($a \sim e$ 阶段)对应的液压支架位移。P'_o 为液压支架主动初撑压力,P_o 为液压支架被动初撑压力,P_n 为液压支架额定工作压力(安全阀调定压力)。k_a 和 k_b 分别为液压支架在阶段 b 和阶段 c 表现出的刚度。

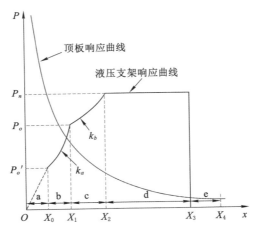

图 3-3 液压支架负载-位移特性曲线

结合图 3-3 及图 3-4 所示的双伸缩立柱等效串联弹簧工作过程图,液压支架的每个工作循环可定义为如下五个阶段。第一阶段为主动初撑阶段(阶段 a)。此时,泵站以额定工作阻力 P_o 给立柱一级缸供油,由于存在工作面管路沿程压力损失以及底阀等液压阀件压力损失,立柱二级缸所形成的主动支撑压力 P'_o 通常小于 P_o。在这一阶段,顶板载荷 P 逐渐传递至液压支架[图 3-4(a)]。由于顶板载荷 P 小于液压支架主动支撑压力 P'_o,立柱未产生位移,即 X_0 为 0。第二阶段为被动初撑阶段(阶段 b)。在这一阶段,顶板沉降加剧,随之顶板载荷 P 逐渐增大至泵站供液压力($P'_o < P \leqslant P_o$)[图 3-4(b)]。此时,立柱二级缸开始回缩(表现刚度为 k_a)而一级缸未产生位移。随时间推移,工作面顶板位移不断加大,顶板载荷 P 逐渐超出泵站供液压力,液压支架进入快速增压阶段(阶段 c)。此时,立柱一级缸及二级缸同时产生位移[图 3-4(c)],使液压支架刚度降低($k_b < k_a$)。当顶板压力继续增大并超过安全阀调定压力 P_n 时,液压支架进入溢流阶段(阶段 d)。此时,液压支架负载-位移特性(刚度)取决于其配置的大流量安全阀性能。同时,考虑液压支架在这一阶段产生的位移是不可逆的(乳化液经安全阀排出),本书认定此阶段之前为"弹性变形",此阶段之后为"塑性变形"。本书在后续研究中探讨液压支架刚度时亦主要针对其弹性变形阶段的垂向刚度。最后一阶段(阶段 e)为卸压移架阶段。在这一阶段,立柱压强迅速降低并回缩(带压擦顶移架时,立柱压强降低至 1 MPa 左右),为移架做准备。

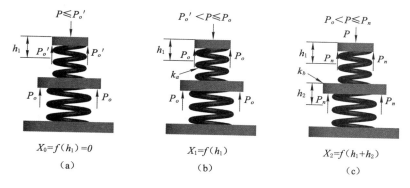

图 3-4　双伸缩立柱工作过程图

　　传统顶板响应曲线理论从采场沉降控制角度出发,认为合适的液压支架刚度是保障及优化液压支架合理选取的关键因素,它同时考虑了采场施加给液压支架的载荷以及顶底板移近控制需求[109-113]。该理论指出当且仅当顶板响应曲线与液压支架响应曲线交于阶段 d 之前时,液压支架的选型及支护性能才是合理可靠的。但是该理论在处理液压支架响应曲线时,简单地将其处理为线性刚度(图 3-5)而忽略了液压支架的塑形变形阶段,这显然与上文分析结果相悖。

　　实际上,在考虑液压支架不同阶段刚度特性时,GRC 理论可演变为图 3-6 所示的 3 种情况。① 如图 3-6(a)所示,顶板响应曲线与液压支架响应曲线相交于 b 阶段,此时顶板施加给液压支架的载荷尚未达到泵站供液压力,二级缸让压降柱即可满足工作面的支护需求,即液压支架刚度选取过高(初撑力过高),此时液压支架的支护性能不能得到充分利用。② 如图 3-6(b)所示,顶板响应曲线与液压支架响应曲线相交于 c 阶段,顶板施加给液压支架的载荷高于泵站供液压力而未达到安全阀调定压力,此时液压支架立柱一级缸及二级缸同时出现降柱升压,但安全阀未出现溢流。此时即可认定选取的液压支架达到工作面支护的最优刚度(初撑力合适,支护性能较优):若该交点靠近 b 阶段,则液压支架使用安全裕度较高;若该交点靠近 d 阶段,则液压支架支护性能利用率越高。③ 如图 3-6(c)所示,顶板响

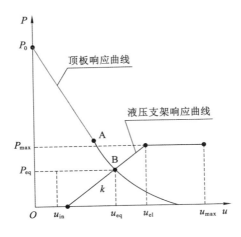

图 3-5　GRC 理论在圆形截面巷道支护选择中的应用实例

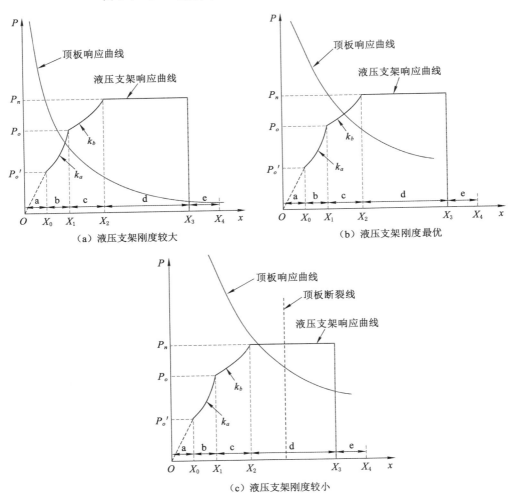

图 3-6　考虑液压支架变刚度特性的 GRC 理论

应曲线与液压支架响应曲线相交于 d 阶段,顶板施加给液压支架的载荷高于安全阀调定压力,安全阀开始溢流,立柱不断降柱让压。当该交点位于顶板断裂线左侧时(且未压死支架),则意味着液压支架经过适当让压,最终能实现对顶板沉降的有效控制。当该交点位于顶板断裂线右侧时,则认为液压支架刚度选取不当(初撑力不足且液压支架支护性能不满足工作面支护需求),在工作开采期间未能有效节制顶板的沉降、离层及断裂行为,因而不能实现对顶板的安全支护。

3.1.2 液压支架刚度分析

在分析液压支架与采场围岩体系耦合刚度时,文献[66,191]指出工作面基本顶岩层通常为巨厚且坚硬的岩块。随着采煤工作面的不断推进,基本顶暴露悬垂长度不断加大并沿煤壁悬垂线回转形成给定变形载荷,传递至工作面支护体系:直接顶、液压支架、底板、煤壁、采空区,该支护体系如图 3-7 所示[99,219]。此时工作面支护体系耦合刚度可由式(3-1)进行估算:

$$K_{co} = K_{cs} + K_{ss} + K_{go} \tag{3-1}$$

式中　　K_{co}——工作面支护体系耦合刚度。

　　　　K_{cs}——直接顶-工作面煤壁-底板耦合刚度体系,承担基本顶离层区悬垂岩块绝大部分载荷[132]。

　　　　K_{ss}——直接顶-液压支架-底板耦合刚度体系,其影响工作面在当前截割循环内顶板-底板移近量,防止直接顶与老顶过早分离,并保证液压支架上方形成短悬臂梁结构。

　　　　K_{go}——采空区刚度体系,为老顶回转变形第一承载区。

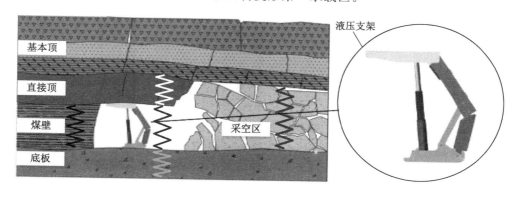

图 3-7　工作面液压支架-围岩耦合支护体系

K_{go} 与采空区直接顶垮落填充高度及填充程度呈正相关关系。在一定范围内,其值越大则工作面煤壁支承体系及液压支架支承体系承担的载荷就越小。

式(3-1)中,直接顶-工作面煤壁-底板耦合刚度 K_{cs} 及采空区刚度 K_{go} 取决于煤壁、围岩物理性质,通常随所采煤矿煤层赋存条件(煤质、采高等)的变化而改变,本章对此不过多展开讨论。

由直接顶-液压支架-底板组成的串联刚度耦合体系 K_{ss} 可用式(3-2)表示[220]:

$$\frac{1}{K_{ss}} = \frac{1}{K_{dr}} + \frac{1}{K_s} + \frac{1}{K_{df}} \tag{3-2}$$

式中 K_{dr}——直接顶等效刚度;

$\quad\quad K_s$——液压支架等效刚度;

$\quad\quad K_{df}$——直接底等效刚度。

在工作面顶底板未破坏前,其刚度 K_{df}、K_{dr} 远大于 $10K_s$,即此时工作面顶底板变形相对液压支架位移而言是有限的[132]。因此,直接顶-液压支架-底板耦合刚度体系的耦合刚度主要取决于液压支架等效刚度 K_s。但对两柱式液压支架而言,液压支架在增阻阶段所体现的垂向等效刚度 K 主要取决于立柱并联垂向等效刚度 $2K_1\cos\alpha_1$(其中,α_1 为立柱垂向倾角)[123]。文献[137,191]针对液压支架等效刚度问题,从并联结构学角度出发给出了液压支架任一点 γ 受外载时刚度 K_γ 的数学模型,得出 K_γ 取决于液压支架关节(立柱及平衡千斤顶)刚度 $K[\mathrm{diag}(K_1,K_e)$,其中 K_1 为立柱刚度,K_e 为平衡千斤顶刚度]。基于此,本节将系统地对立柱及平衡千斤顶的刚度数学模型展开分析。

3.1.3 立柱及平衡千斤顶刚度数学模型

(1)立柱刚度数学模型

① 单伸缩立柱刚度数学模型

若考虑液压缸动作时的固-液耦合特性,则单伸缩立柱刚度特性可由三部分组成:液压缸封闭液柱刚度 K_{cl}、液压缸壁刚度 K_{cw} 以及活柱刚度 K_{mc}。此时,单伸缩液压缸刚度 K_{ls} 可由式(3-3)计算获得:

$$K_{ls} = \frac{K_{cl}K_{cw}K_{mc}}{K_{cl}K_{cw} + K_{cl}K_{mc} + K_{cw}K_{mc}} \tag{3-3}$$

假定单伸缩立柱承受的轴向外载荷为 F_P(对应液压缸升压为 ΔP),刚度 K_{cl}、K_{cw} 及 K_{mc} 对应的位移分别为 h_{cl}、h_{cw} 及 h_{mc},在式(3-3)右侧乘 1 可转化为式(3-4):

$$K_{ls} = \frac{K_{cl}K_{cw}K_{mc}}{K_{cl}K_{cw} + K_{cl}K_{mc} + K_{cw}K_{mc}} \cdot \frac{h_{cl} + h_{cw} + h_{mc}}{h_{cl} + h_{cw} + h_{mc}} = \frac{F_p}{h_{cl} + h_{cw} + h_{mc}} \tag{3-4}$$

依据式(3-4),分别对位移 h_{cl}、h_{cw}、h_{mc} 进行求解。假定液压缸承载变形过程是等熵条件下的等压膨胀[221],则由胡克定律可求得 h_{mc}:

$$h_{mc} = F_P Y / (EA_{mc}) \tag{3-5}$$

式中 Y——活柱有效长度;

$\quad\quad E$——钢的弹性模量;

$\quad\quad A_{mc}$——活柱有效横截面积。

由厚壁圆筒承压变形理论(在产生塑形变形前,可将立柱液压缸视为高压厚壁容器)可知,液压缸承压产生的径向位移 u 为:

$$u = \frac{\Delta Pd}{2E} \frac{(1+\mu)D^2 + (1-\mu)d^2}{D^2 - d^2} \tag{3-6}$$

式中 D——液压缸外径;

$\quad\quad d$——液压缸内径;

$\quad\quad \mu$——钢的泊松比。

令 $m = [(1+\mu)D^2 + (1-\mu)d^2]/(D^2 - d^2)$,则由 ΔP 引起的缸体膨胀体积 ΔV_{cw} 为:

$$\Delta V_{cw} = \pi d^2 ym \Delta P / (2E) \tag{3-7}$$

式中 y——封闭液柱高度。

则由 ΔP 引起的 h_{cw} 为：

$$h_{cw} = \Delta V_{cw}/A = [\pi d^2 ym \Delta P/(2E)]/(\pi d^2/4) = 2m\Delta Py/E \tag{3-8}$$

式中 A——液压缸内截面积。

依据可压缩流体理论[221]可知，由 ΔP 引起的封闭液柱轴向位移为：

$$h_{cl} = \Delta V_{cl}/A = |\kappa \Delta Py\pi d^2/4|/(\pi d^2/4) = \kappa \Delta Py \tag{3-9}$$

式中 κ——乳化液体积压缩系数。

综上，单伸缩液压缸刚度 K_{ls} 可表达为：

$$K_{ls} = F_p/(h_{cl}+h_{cw}+h_{mc}) = (\Delta P\pi d^2/4)/[(\Delta P\pi d^2/4)Y + 2ym\Delta P/E + \kappa\Delta Py]$$
$$= \pi EA_{mc}/[(4\kappa yE + 8myA_{mc})/d^2 + \pi Y] \tag{3-10}$$

通过分析式(3-10)，不难发现液压缸刚度作为液压缸本身固有属性，其值仅与液压缸封闭液柱高度、液压缸弹性模量等参数相关，而不受外界压力影响。

② 多伸缩立柱刚度模型

当考虑 i 级液压缸串联时($i\geqslant 2$)，若忽略 i 级封闭液柱重力，则第 i 级液压缸刚度为：

$$K_{li} = F_{Pi}/(h_{cli}+h_{cwi}+h_{mci})$$
$$= (\pi EA_{mc})/[(4\kappa y_i/d_i^2)E + 8y_i(m_i/d_i^2)A_{mc} + \pi Y] \tag{3-11}$$

式中 $m_i = [(1+\mu)D_i^2 + (1-\mu)d_i^2]/(D_i^2-d_i^2)$；

F_{Pi}——第 i 级液压缸承担的轴向外载，在忽略封闭液柱重力条件下 $F_{Pi}=F_P$；

D_i——第 i 级液压缸外径；

d_i——第 i 级液压缸内径；

y_i——第 i 级液压缸封闭液柱高度。

由 3.1.1 节分析结果可知，液压支架立柱弹性变形包括主动初撑、被动初撑、快速升压 3 个阶段，因此在建立液压支架立柱刚度模型时可分 3 个阶段讨论。

a. 主动初撑阶段模型建立。此阶段工作面顶板载荷小于立柱形成的主动初撑力，液压支架未产生位移，立柱刚度可视为 ∞。此时立柱刚度为：

$$K_l^i = \infty \quad (此时：P_{i0}+\Delta P_i < P_i) \tag{3-12}$$

式中 P_{i0}——第 i 级液压缸的初始载荷；

ΔP_i——F_P 引起的第 i 级液压缸压强变化量；

P_i——第 i 级液压缸初始压强。

b. 被动初撑阶段模型建立。此阶段立柱 k 级缸存在位移而 $k-1$ 级缸未产生位移，此时立柱可视为 k 级缸串联动作，其刚度为：

$$K_l^i = \pi EA_{mc}/(4\kappa EA_{mc}\sum_{i-k+1}^{i} y_i/d_i^2 + 8A_{mc}\sum_{i-k+1}^{i} m_i y_i/d_i^2 + \pi Y)$$
$$(其中：d_{i-k}^2/d_i^2 P_{i-k} \leqslant P_{i0}+\Delta P_i < d_{i-k}^2/d_{i-1}^2 P_{i-k}, i\geqslant 3, 1\leqslant k < i) \tag{3-13}$$

式中 d_{i-k}——第 $i-k$ 级液压缸内径；

P_{i-k}——第 $i-k$ 级液压缸初始压强。

c. 快速升压阶段模型建立。此阶段立柱 i 级液压缸同时回缩，此时立柱可视为 i 个串联单伸缩液压缸，其刚度为：

$$K_l^i = \pi EA_{mc}/(\sum_1^i 4\kappa y_i EA_{mc}/d_i^2 + \sum_1^i 8y_i m_i A_{mc}/d_i^2 + \pi Y)$$

$$(\text{其中}:d_1^2/d_i^2 P_1 \leqslant P_{i0} + \Delta P_i < P_{1n}, i \geqslant 2) \tag{3-14}$$

式中 P_{1n}——第1级液压缸溢流压力。

在外载荷继续增大,液压立柱进入溢流阶段后,立柱刚度表现为不可逆塑性变形,此时立柱刚度表现为安全阀的压力-流量特性。综上,液压支架多伸缩立柱系统刚度可表达为:

$$K_l^i = \begin{cases} \infty \quad (\text{此时}:P_{i0} + \Delta P_i < P_i) \\ \pi EA_{mc}/(4\kappa EA_{mc} y_i/d_i^2 + 8A_{mc} m_i y_i/d_i^2 + \pi Y) \\ \quad (\text{其中}:P_i \leqslant P_{i0} + \Delta P_i < d_{i-1}^2/d_i^2 P_{i-1}, i \geqslant 2) \\ \pi EA_{mc}/(4\kappa EA_{mc} \sum_1^i y_i/d_i^2 + 8A_{mc} \sum_1^i m_i y_i/d_i^2 + \pi Y) \\ \quad (\text{其中}:d_{i-1}^2/d_i^2 P_{i-1} \leqslant P_{i0} + \Delta P_i < P_{1n}, i = 2) \\ \pi EA_{mc}/(\sum_1^i 4\kappa y_i EA_{mc}/d_i^2 + \sum_1^i 8y_i m_i A_{mc}/d_i^2 + \pi Y) \\ \quad (\text{其中}:d_1^2/d_i^2 P_1 \leqslant P_{i0} + \Delta P_i < P_{1n}, i \geqslant 2) \\ \vdots \\ \pi EA_{mc}/(4\kappa EA_{mc} \sum_{i-k+1}^i y_i/d_i^2 + 8A_{mc} \sum_{i-k+1}^i m_i y_i/d_i^2 + \pi Y) \\ \quad (\text{其中}:d_{i-k}^2/d_i^2 P_{i-k} \leqslant P_{i0} + \Delta P_i < d_{i-k}^2/d_{i-1}^2 P_{i-1}, i \geqslant 3, 1 \leqslant k < i) \end{cases} \tag{3-15}$$

(2) 平衡千斤顶刚度模型

液压支架平衡千斤顶通常采用单伸缩式结构,其结构如图3-8所示。在图3-8中,D_5、d_5 分别为平衡千斤顶外径、内径,y_{epl} 为无杆腔封闭液柱高度,Y_e 为平衡千斤顶活塞杆长度。单伸缩平衡千斤顶的刚度计算过程与单伸缩液压缸的类似(式3-4),但考虑外推(受压)、内拉(受拉)两种工况,在建立平衡千斤顶刚度模型时应分别展开讨论。

① 单向外推刚度

平衡千斤顶单向外推时,无杆腔工作,其刚度 K_{epl} 可由式(3-10)计算得到:

$$K_{epl} = F_{epl}/(h_{cl} + h_{cw} + h_{mc})$$
$$= (\Delta P_{epl} \pi d^2/4)/[(\Delta P_{epl} \pi d^2/4)Y + 2y_{epl} m_{epl} \Delta P_{epl}/E + \kappa \Delta P_{epl} y_{epl}] \quad (l_q \geqslant l_{q0}) \tag{3-16}$$

式中 F_{epl}——平衡千斤顶承受的轴向载荷;

ΔP_{epl}——平衡千斤顶承受轴向载荷时无杆腔压力变化量;

l_q——平衡千斤顶承载后长度;

l_{q0}——平衡千斤顶初始长度。

② 单向受拉刚度

平衡千斤顶单向受拉时,有杆腔工作,其刚度 K_{eph} 可由式(3-17)计算得到:

$$K_{eph} = F_p/(h_{cl} + h_{cw} + h_{mc}) \tag{3-17}$$

其中,$F_p = \Delta P \pi (d_5^2 - D_5^2)/4$, $h_{cl} = \kappa \Delta P y$, $h_{mc} = F_p Y/EA_{mc}$, $h_{cw} = 2m\Delta P y/E$。经整理可得:

$$K_{eph} = \left[\frac{\Delta P_{eph} \pi (D_5^2 - d_5^2)}{4}\right]/\left[\frac{\Delta P_{eph} Y_{eph}}{EA_{mc}} + \kappa \Delta P_{eph} Y_{eph} + \frac{2my_{eph} d_5^2 \Delta P_{eph}}{E(D_5^2 - d_5^2)}\right]$$
$$= \pi EA_{mc}/[4\kappa Y_{eph} EA_{mc}/(D_5^2 - d_5^2) + 8m_{eph} y_{eph} d_5 A_{mc}/(D_5^2 - d_5^2)^2 + \pi Y] \quad (l_q < l_{q0}) \tag{3-18}$$

综上所述,平衡千斤顶刚度可表达为:

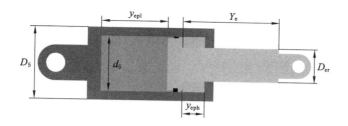

图 3-8　平衡千斤顶结构示意图

$$K_{\mathrm{e}} = \begin{cases} (\Delta P_{\mathrm{epl}} \pi d^2/4)/[(\Delta P_{\mathrm{epl}} \pi d^2/4)Y + 2y_{\mathrm{epl}} m_{\mathrm{epl}} \Delta P_{\mathrm{epl}}/E + \kappa \Delta P_{\mathrm{epl}} y_{\mathrm{epl}}] & (l_{\mathrm{q}} \geqslant l_{\mathrm{q0}}) \\ \pi E A_{\mathrm{eph}}/[4\kappa Y_{\mathrm{eph}} E A_{\mathrm{mc}}/(D_5^2 - d_5^2) + 8m_{\mathrm{eph}} y_{\mathrm{eph}} d_5 A_{\mathrm{mc}}/(D_5^2 - d_5^2)^2 + \pi Y] & (l_{\mathrm{q}} < l_{\mathrm{q0}}) \end{cases}$$

$$(3\text{-}19)$$

3.1.4　实例计算

以大采高 ZY21000/38/82 型液压支架为例,其所配备的 530 型立柱及 320 型平衡千斤顶的主要结构参数如表 3-1 所示(参数取自 8.2 m 采高液压支架)。

表 3-1　ZY21000/38/82 型液压支架立柱及平衡千斤顶主要结构参数(8.2 m 采高)

参数	一级缸	二级缸	活柱	平衡千斤顶
结构长度 Y/mm	/	/	2 747	1 133
初始乳化液高度 y_i/mm	/	2 100	2 210	150
质量/t	2.1	1.9	1.276	/
外径 D_i(mm)/内径 d_i(mm)	625/530	500/380	355	320/230
初撑压力 P_o(MPa)/工作压力 P_n(MPa)	37.5/47.6	34.0/92.6	/	43.5/43.5
弹性模量 E/GPa	196(20 ℃)			
泊松比 μ	0.3			

(1) 立柱系统刚度分析

假定泵站压力经过沿程阻力损失,传递到立柱一级缸时压力为 34 MPa(主动支撑顶板力为 3 856 kN),则将表 3-1 中的数据代入式(3-15),得到的液压支架立柱刚度曲线如图 3-9 所示。如图 3-9 所示,在主动压力为 34 MPa 的条件下,液压支架刚度初始分断长度达到了 4 260 mm(一、二级缸同时动作时立柱的长度)。当立柱长度小于 2 100 mm 时,立柱工作长度可分两种工况:二级缸完全缩回、一级缸完全缩回。这两种工况条件下液压支架刚度曲线如图 3-9 所示。

以液压支架最高工作刚度为例,将表 3-1 数据代入式(3-15)并引入安全阀溢流截断过程,则此时液压支架刚度如图 3-10 所示。由图 3-10 可知,仅考虑流体压缩刚度时,计算得出的立柱刚度相对较大。从本章提出的综合刚度中去除缸壁膨胀项及活柱压缩项得到的验证刚度曲线与仅考虑流体压缩刚度曲线完全一致。

将图 3-10 中液压支架刚度曲线数据代入式(3-20)及式(3-21)可得:

$$F_{P_O} = F_{P'_O} + \int_O^B K_z \mathrm{d}x = 8\ 394\ (\mathrm{kN})$$

$$(3\text{-}20)$$

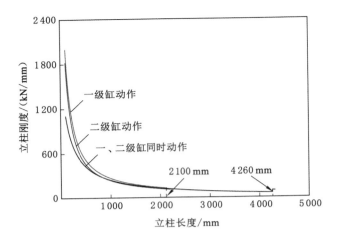

图 3-9　液压支架立柱刚度曲线

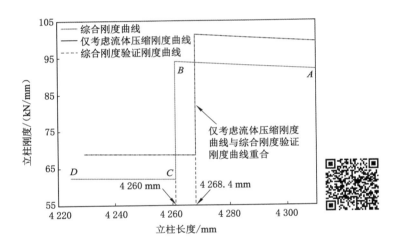

图 3-10　液压支架立柱在最大工作高度时的刚度

$$F_{P_n}^{\cdot} = F_{P'_O} + \int_O^D K_z \mathrm{d}x = 10\ 683\ (\mathrm{kN}) \tag{3-21}$$

式中　$F_{P_O}^{\cdot}$——立柱初撑力计算值;

　　　$F_{P_n}^{\cdot}$——立柱工作阻力计算值。

将式(3-20)及式(3-21)计算结果代入式(3-22)及式(3-23)进行误差预估,结果表明误差小于 5%,即认定式(3-15)具有较高计算精度。

$$\delta_{F_{P_O}} = (F_{P_O}^{\cdot} - F_{P_O})/F_{P_O} = 1.462\% \tag{3-22}$$

$$\delta_{F_{P_n}} = (F_{P_n}^{\cdot} - F_{P_n})/F_{P_n} = 1.743\% \tag{3-23}$$

式中　F_{P_O}——液压支架立柱额定初撑力(8 273 kN);

　　　F_{P_n}——液压支架额定工作阻力(10 500 kN)。

（2）平衡千斤顶刚度分析

液压支架最高工作位时，平衡千斤顶长度为 1 554.6 mm，有杆腔初始长度为 750 mm（圆整后），无杆腔初始长度为 150 mm。将这些参数及表 3-1 中基本参数代入式（3-18），并假定平衡千斤顶两侧腔初始工作压力均为 0 MPa，所得到的平衡千斤顶刚度曲线如图 3-11 所示。由图 3-11 可知，两种刚度计算方案在计算有杆腔刚度时差距较小（有杆腔液柱较长）。在计算无杆腔刚度时，由于无杆腔液柱较短，封闭液柱刚度极大，此时若仅考虑液体压缩刚度与实际偏差较大。

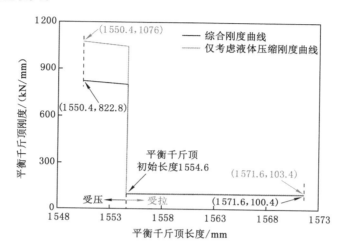

图 3-11 液压支架平衡千斤顶在最大工作高度时的刚度

（3）液压支架刚度分析

上文分别计算了液压支架立柱及平衡千斤顶刚度，但液压支架刚度不仅仅取决于立柱及平衡千斤顶刚度，还受各铰接点摩擦副的影响。因此，本节采用数值模拟方案，通过建立液压支架刚柔耦合数值分析模型以获取液压支架的等效刚度（液压支架刚度随其姿态变化而变化，本节主要讨论液压支架顶梁水平时表现出的刚度特性）。

① 液压支架数值分析模型

利用 Hypermesh 软件将液压支架顶梁、掩护梁、前连杆及后连杆处理为柔性体，并以 .mnf 格式文件传递至 ADAMS。底座采用刚性体与地面固定连接，顶梁和掩护梁、掩护梁与四连杆机构、四连杆机构与底座之间通过建立的刚性铰接点采用摩擦副旋转连接，设置的摩擦系数为 0.3，立柱与平衡千斤顶采用等效弹簧进行代换，其刚度采用第（1）、（2）节建立的当量刚度，其阻尼采用乳化液线性运动黏性阻尼及阀缸出口阻尼定义（20 ℃）[219, 222-225]。

同时，为更加真实地模拟液压支架在承载过程中对外载荷的自适应行为，在液压支架上方添加模拟顶板。将模拟顶板建立为刚性体，其沿液压支架高度方向自由运动并始终与底座平行。模拟顶板与液压支架顶梁之间采用柔性体-刚性体连接，其力传递采用碰撞接触定义，碰撞函数正压力采用 Impact（非旋体碰撞）模型定义，其计算函数如式（3-24）所示：

$$F_c = K_H \delta_c^c + C_c V_c \qquad (3-24)$$

式中 F_c——模拟顶板与顶梁接触力，N。

K_H——平面接触碰撞刚度，表示构件表面的接触刚度，N/mm。

δ_c——接触构件法向侵彻深度,mm,取 $0.01\sim0.1$ mm。

e——刚度对力的贡献增益,取 $1.2\sim1.5$。

C_c——接触构件的阻尼系数,N·s·mm^{-1},取值为 K_H 数值的 $1/10$。

V_c——接触构件的法向相对速度(δ_c 的导数),mm·s^{-1}。

碰撞函数摩擦力采用 Coulomb 摩擦模型定义,其计算函数如式(3-25)[215, 226]所示:

$$F_{cf} = F_c f_c \tag{3-25}$$

基于上述定义建立的液压支架数值分析模型如图 3-12 所示。

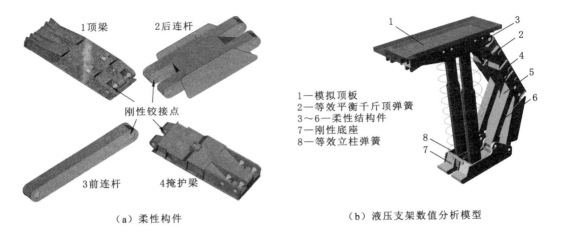

1顶梁　2后连杆

刚性铰接点

1—模拟顶板
2—等效平衡千斤顶弹簧
3~6—柔性结构件
7—刚性底座
8—等效立柱弹簧

3前连杆　4掩护梁

（a）柔性构件　　　　　　　　　　（b）液压支架数值分析模型

图 3-12　液压支架数值分析模型

考虑本节数值分析的主要目的为获取液压支架在外载荷作用下的刚度变化曲线,因此采用 step 函数对顶梁施加 19 650 kN 的工作阻力($0.2\sim0.8$ s 静载荷),得到的液压支架立柱系统动态响应如图 3-13 所示。由图 3-13 可知,顶板对液压支架顶梁的碰撞力最终在 0.8 s 时达稳定的 19 695 kN(比 step 输入载荷 19 650 kN 大 45 kN,该增加的载荷由顶板重力载荷造成)。$0\sim0.2$ s 为液压支架自重平衡阶段,此时液压支架在顶板重力作用下达自平衡状态,立柱长度未发生变化(立柱上下铰点距离为 7070.18 mm)。$0.2\sim0.44$ s 为液压支架主动初撑阶段,此时立柱二级缸在碰撞力作用下达主动初撑极限力(3 856 kN),由于碰撞力始终小于立柱主动初撑载荷,立柱长度基本未变化(图 3-13 中所示立柱长度在此阶段缩短约 0.14 mm,这是 ADAMS 不接受瞬变载荷,采用插值算法自动充填主动初撑力曲线造成的)。$0.44\sim0.68$ s 为液压支架被动初撑阶段,此时液压支架二级缸在碰撞力作用下以刚度 k_a 开始回缩(近线性)。当立柱长度降至 7 025 mm 时,顶板力增至 17 782 kN,此时立柱工作阻力达到额定初撑力 8 385 kN,液压支架进入快速升压阶段,此时立柱一级缸及二级缸同时回缩,表现为图 3-13 所示的刚度 k_b(近线性)。

立柱全过程的回缩量 $\Delta l = 7\ 070.18 - 6\ 997.18 = 73$(mm)。而仅考虑液体封闭流体刚度时,立柱回缩量 Δl_2 可由式(3-26)计算得到,$\Delta l_2 = 68.82$ mm[第(1)部分能对此进行较好地解释]。综上所述,本节数值模拟分析结果中,立柱动作过程与 3.1.2 节理论分析过程基本一致,立柱回缩表现与本节第(1)部分理论计算结果基本一致,因此数值分析结果合理可信。

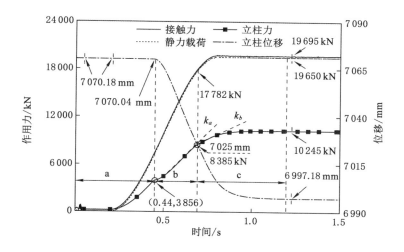

图 3-13　液压支架立柱系统动态响应

$$\Delta l_2 = \Delta P_1/k_a + \Delta P_2/k_b \tag{3-26}$$

在此 step 函数作用下液压支架平衡千斤顶系统的动态响应如图 3-14 所示。由图 3-14 可知,液压支架在最高工作位时,平衡千斤顶承受来自顶板及顶梁的载荷约为 16 kN(有杆腔承载)。在 0.2～0.44 s,立柱基本未产生位移,而平衡千斤顶伸长约 1 mm。在 0.44～0.82 s,平衡千斤顶在立柱载荷影响下表现出同样的载荷增长趋势,即分两阶段线性增长 (图中 k_1 和 k_2 为两阶段线性斜率)。0.82 s 后,平衡千斤顶工作阻力稳定在 1761 kN(平衡千斤顶已溢流),位移稳定在 1572 mm。由图 3-14(b)可知,由于本节数值模拟时,顶板对顶梁摩擦系数的取值为 0,平衡千斤顶承载内力均用于平衡立柱水平内力,因此平衡千斤顶与立柱顶梁铰接点 X 向力始终与立柱 X 向力方向相反。此时平衡千斤顶与顶梁掩护梁 Y 向铰接点力均与立柱支护力相悖,因而导致液压支架在 19695 kN 外载荷作用下接近溢流。

在此 step 函数作用下,液压支架承载特性曲线如图 3-15 所示。由图 3-15 可知,液压支架在立柱主动初撑阶段 a 就开始产生位移(1.676 mm),而未表现出主动初撑平台期,其原因与立柱动态响应曲线的一致,均由 ADAMS 自动插值引起。由于系统存在阻尼滞后特性,双立柱力在液压支架动作过程中始终小于顶板接触力,当系统达到稳态时,立柱力大于顶板接触力,即平衡千斤顶及顶、掩铰点力内耗了立柱部分工作阻力。相对图 3-3,液压支架整体刚度虽然亦表现出明显的分阶段刚度特性,被动初撑阶段 b 刚度均值(167 kN/mm)与快速升压阶段 c 刚度均值(110 kN/mm)均小于双立柱刚度均值(184 kN/mm 及 126 kN/mm),但由于引入了各构件铰接点刚度及平衡千斤顶刚度,液压支架整架刚度变化量相对仅考虑立柱刚度变化量呈衰减趋势。

(4) 液压支架刚度适应性分析

基于第 2 章分析结果确定工作面液压支架支护强度至少为 1.6 MPa,基于此设计的大采高液压支架(ZY21000/38/82)的最小运输采高为 3.8 m,最大支撑采高为 8.2 m,工作阻力为 21000 kN(47.6 MPa),支护强度为 1.65～1.74 MPa,考虑刮板输送机节距而配套选择的液压支架中心距为 2.05 m。液压支架主体结构由兖矿东华重工及北京开采所联合设计,

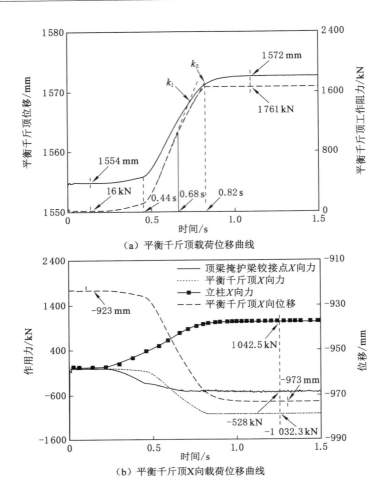

（a）平衡千斤顶载荷位移曲线

（b）平衡千斤顶X向载荷位移曲线

图 3-14　液压支架平衡千斤顶系统动态响应

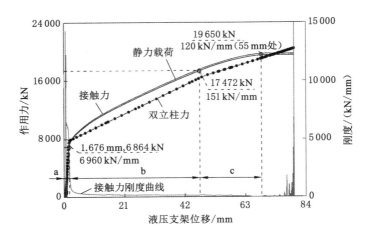

图 3-15　液压支架承载特性曲线

这两家单位于 2015 年 10 开始样机试制。108 工作面配套选用 7LS8 型采煤机,配套选用中煤张家口煤机公司研制的 SGZ1400/3×1600 型刮板输送机(配备大块煤破碎装置以破碎大采高工作面掉落的大块煤),最终实现 4 500 t/h 的煤炭输送量。在工作面推进期间,现场矿压监测结果如下所述。

① 2016 年 6 月 3 日,108 工作面推进至距开切眼 6.4 m 处进行切顶放炮,当日工作面上部液压支架最大支护压力达 31.2 MPa,平均支护压力为 24.95 MPa。工作面中部液压支架最大支护压力为 32.1 MPa,平均支护压力 26.8 MPa。工作面下部最大支护压力为 30 MPa,平均支护压力为 25.19 MPa。最大采高为 5.8 m,最小采高为 5.6 m,煤壁未出现明显片帮。

② 2016 年 6 月 4 日至 6 月 10 日,工作面推进 25.2 m,工作面液压支架平均支护阻力为 25～32 MPa,无煤壁片帮现象,无安全阀溢流现象。随后,于 6 月 11 日,当工作面推进 30 m 时,直接顶出现垮落现象,70# 至 94# 液压支架出现局部溢流(立柱压力达 47.6 MPa)。

③ 2016 年 6 月 14～15 日,工作面推进 55.1～66.4 m,工作面 60# 至 90# 液压支架压力明显上升(30～46 MPa),部分液压支架达到开启压力 46.5 MPa(65# 及 66#),煤壁无明显片帮行为,而其他区域未出现明显来压现象。现场结果表明,其间工作面基本顶中厚度为 8.5 m 的粉砂岩先断裂,随后厚度分别为 2.4 m 的中粒砂岩、1.7 m 的粉粒砂岩及上覆 1.2 m 的中粒砂岩相继断裂,来压持续约 11 m,同样工作面未表现出明显的片帮现象。

④ 2016 年 6 月 20 日,工作面推进 98 m,90# 液压支架出现煤炮 2 次,液压支架后方悬顶 0.5 ～4 m,90# 液压支架平均压力为 45 MPa,68# 至 71# 液压支架出现片帮。当工作面推进 107.7 m 时,45# 至 70# 液压支架中下部出现片帮,片帮深度为 0.3 m,工作面溜头悬顶 4 m,溜尾悬顶 6 m。2016 年 6 月 23 日,70# 至 95# 液压支架采空区成段垮落。当工作面推进约 117 m(端部分别为 112.8 m 及 121.2 m)时压力显现明显,煤壁出现大幅片帮(初次来压)。

⑤ 随后在 6 月 23 日至 7 月 28 日,108 工作面累计推进 375 m,其间监测到基本顶周期来压 10 次,周期来压步距呈大小交替分布,大周期来压步距为 28 m,小周期来压步距为 15 m[图 3-16(a)]。其间工作面基本顶最大沉降为 300 mm,煤壁片帮深度为 500 mm,但总体而言 108 工作面支护效果良好,能实现对工作面的有效支护。

基于第 2 章所获取的工作面长度为 300 m、支护强度为 1.6 MPa 条件下的顶板沉降曲线(推进距离分别为 20 m、40 m、60 m、80 m、120 m),结合图 3-15 所示的液压支架载荷-位移响应曲线,绘制出的液压支架 GRC 理论判据曲线如图 3-16(b)所示。综合上述工作面支护效果对数值模拟结果进行如下分析。

当工作面推进 25.2 m 时(2016 年 6 月 4 日至 6 月 10 日),工作面液压支架立柱压力普遍为 24～32 MPa(对应的液压支架支护强度为 0.882 4～1.176 5 MPa)。此阶段的数值模拟结果与现场矿压结果对比如图 3-16 所示。当工作面推进 20 m 时,工作面顶板沉降响应曲线与液压支架载荷-位移响应曲线交点处大致为 1.132 MPa(工作面沉降极小,此时液压支架刚度偏大)。当工作面推进 55.1～66.4 m 时(2016 年 6 月 14 日至 15 日),工作面液压支架立柱压力明显上升,部分液压支架达到开启压力(46.5 MPa),如图 3-16(b)所示,当工作面推进 60 m 时,工作面顶板沉降响应曲线与液压支架载荷-位移响应曲线交点处大致为溢流压力 1.78 MPa(初次进入溢流阶段,此时液压支架刚度特性处于最优刚度边缘)。当工

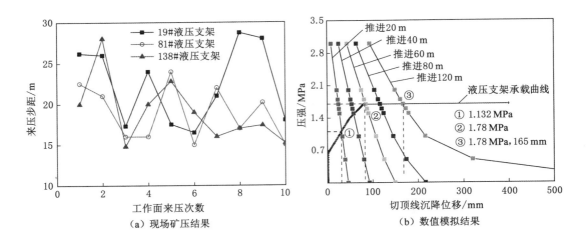

图 3-16　数值模拟结果与现场矿压结果对比

作面推进 117 m 左右时,工作面基本顶初次来压。如图 3-16(b)所示,此时顶板沉降位移大致为 165 mm,即此时已达到顶板离层线附近。

综上所述,本节所述液压支架刚度解算方法和相应的液压支架数值模拟方案以及第 2 章所述采场数值模拟方案能较好地拟合现场观测结果,且在工作面来压期间顶板表现出明显的位移沉降及片帮现象,但液压支架支护效果总体稳定(液压支架未出现大规模溢流及结构件破坏现象)且煤壁片帮情况控制基本合理(片帮深度基本小于 500 mm),即液压支架支护刚度的选取较为合理。

3.2　特大采高液压支架强度适应性分析

由 3.1 节分析结果可知,大采高液压支架在工作面支护作业时,直接承受上覆岩层重力静载及冲击动载,并将载荷传递至底板。因此大采高液压支架设计的另一关键问题即其强度适应性:① 从围岩控制角度出发,确定液压支架支护强度以满足大采高工作面的支护需求;② 从液压支架角度出发,合理设计液压支架结构以满足大采高工作面的高支护强度需求,并将其对底板前端的比压控制在合理范围。第 2 章从覆岩控制角度,分析了大采高液压支架合理控制顶底板移近及防止煤壁横向片帮所需的支护强度。本节从液压支架角度出发,分析液压支架在顶板载荷作用下的静力学强度、冲击动载传递规律及底板比压特性等强度适应性。

3.2.1　静载强度适应性分析

(1) 有限元模型及相关假设

本节在建立液压支架有限元分析模型时,主要作了以下假设及设置[139-146]。

① 液压支架作为典型大型焊件,其焊接性能是影响液压支架强度特性的重要因素。考虑本书主要探讨液压支架静力学应力、位移变化规律,将焊缝等效为母材。

②简化液压支架非关键性功能结构。例如,忽略较小的加工倒角、圆角和小孔等,忽略小吊环、液压管道等细小结构等,忽略护帮板、侧护板以及伸缩梁结构等非主要承载部件。液压支架各结构件间采用基于接触的销轴连接。平衡千斤顶采用刚性摩擦结构连接,接触摩擦系数为0.15。

③虽然液压支架主筋板采用不同板材(Q550、Q690、Q890 等型号),但各板材的密度、弹性模量及泊松比等参数变化较小,因此设置时仅对不同板材设置不同屈服条件。液压支架结构属性设置如表 3-2 所示。

表 3-2　液压支架结构属性设置

材料型号	弹性模量/GPa	泊松比	密度/(kg·m⁻³)	屈服强度/MPa
Q550	210	0.3	7 850	550
Q690	210	0.3	7 850	690
Q890	210	0.3	7 850	890
Q980	210	0.3	7 850	980

基于上述假设及设置建立的液压支架有限元模型如图 3-17 所示。

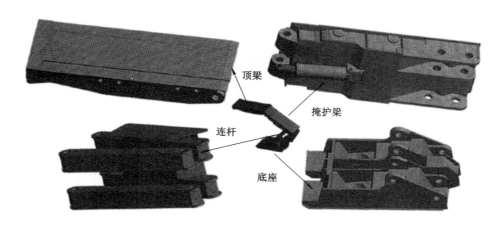

图 3-17　液压支架有限元模型

(2) 工况分析

本节依据"GB 25974.1—2010 煤矿用液压支架"及"DIN EN 1804—1 液压动力支架的安全要求"规定的 5 种单项极端工况及 6 种组合极端工况对液压支架静载强度适应性展开分析[227-228]。液压支架极端静载单项加载工况如图 3-18 所示,液压支架极端组合加载工况如表 3-3 所示。定义的 5 种单项加载工况序号为(a)～(e),定义的 6 种组合加载工况序号为(f)～(k)。单项加载工况条件下,除工况(j)和(k)加载高度为 4.1 m 外,其余工况加载高度均为 6.5 m,加载力均为 1.2 倍额定工作阻力(12 600 kN)。

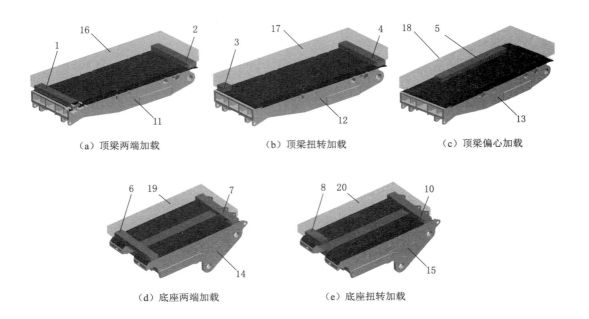

（a）顶梁两端加载　　　　　　（b）顶梁扭转加载　　　　　　（c）顶梁偏心加载

（d）底座两端加载　　　　　　（e）底座扭转加载

1 至 10—加载块；11 至 13—顶梁；14 至 15—底座；16 至 18—固定顶板；19 至 20—固定底板。

图 3-18　液压支架极端静载单项加载工况

表 3-3　液压支架极端组合加载工况

组合加载 工况序号和名称	加载简图	加载 高度 /mm	加载 倾角 /(°)
（f）顶梁两端加载 及底座两端加载		6.5	9
（g）顶梁两端加载 及底座扭转加载		6.5	9

表 3-3(续)

组合加载工况序号和名称	加载简图	加载高度/mm	加载倾角/(°)
(h) 顶梁扭转加载及底座两端加载		6.5	9
(i) 顶梁扭转加载及底座扭转加载		6.5	9
(j) 顶梁偏心加载及底座两端加载		4.1	14
(k) 顶梁偏心加载及底座扭转加载		4.1	14

注:$a=c=300$ mm,$d=50$ mm,$d_1=100$ mm,$e=3\,000$ mm,其中加载力均为 12 600 kN,加载倾角即立柱倾角。

(3)结果分析

基于上述参数设置对液压支架类型作静态结构分析。分别运行各工况,得到的结果如下所述(忽略加载块造成的应力集中效应)。

① 顶梁两端加载结果分析

在顶梁两端加载工况下,底座底面及垫块上方采用 Fixed 定义,此时顶梁为应力及位移最大位置,而后连杆及底座应力相对较小,因此应主要分析顶梁应力分布。考虑顶梁两端加载为对称加载,因此分别在顶梁前端、对称平面及后端取采样线(等距 49 个点),得到的两端加载条件下顶梁应力分布如图 3-19 所示。由该图可知,在两端加载工况下,沿顶梁长度方向,液压支架应力分布由前至后基本呈逐渐增大趋势(垫块下方均为应力峰值点),并在柱窝及其后方达到应力峰值 870 MPa,峰值点出现在顶梁后端垫块下方伸缩千斤顶套筒侧。同时由图 3-19 可知,除却垫块加载影响区域,顶梁应力峰值约为 570 MPa。此时,柱窝处应力峰值亦较大,约为 392 MPa。

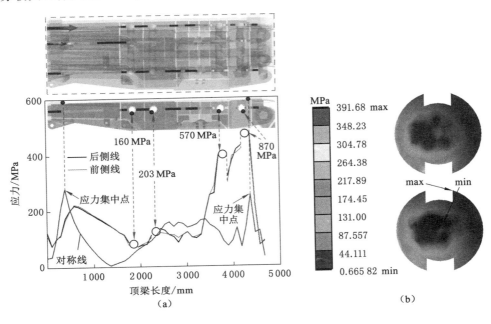

图 3-19　两端加载条件下顶梁应力分布

两端加载条件下掩护梁应力分布如图 3-20 所示。由该图可知,此时平衡千斤顶应力峰值约为 392 MPa,而掩护梁应力峰值约为 396 MPa(同时为掩护梁应力峰值)。由于底座此时与底板全接触,其分布应力较小,本节暂不对其进行讨论。

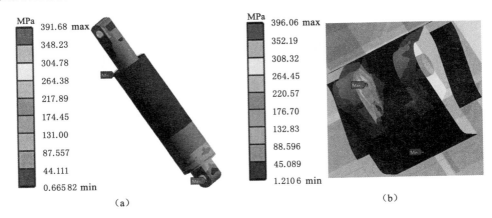

图 3-20　两端加载条件下掩护梁应力分布

在讨论液压支架位移变化规律时,沿顶梁、掩护梁、后连杆对称平面分别取采样线(底座采样线在前侧线距底板 260 mm 处),得到的两端加载条件下液压支架 Y 向位移分布如图 3-21 所示。由图 3-21 可知,在两端约束条件下,顶梁 Y 向位移沿长度方向呈先增大后减小的趋势(开口向下的抛物线型),并在立柱位置作用线附近(2 815 mm)达到位移峰值(7.87 mm)。掩护梁 Y 向位移从高到低不断增大,其中掩护梁上端由于垫块约束,其位移(负值)呈下降趋势(最小值为−0.428 mm),掩护梁下端由于平衡千斤顶的约束作用,其位移(正值)呈上升趋势(最大值为 0.549 mm)。后连杆 Y 向位移从高到低为正值并不断减小(0.434~0.165 mm)。沿长度方向,底座 Y 向位移呈开口向上的抛物线型分布(两端位移为正,中心位移为负),并在柱窝处达到极小值(−0.037 mm),该变形特征促使液压支架前端翘曲,从而有助于减小液压支架前端比压,防止底座前端沉入底板。

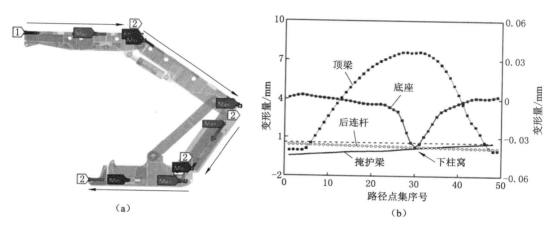

图 3-21　两端加载条件下液压支架 Y 向位移分布

② 顶梁扭转加载结果分析

相对顶梁两端加载,在顶梁扭转加载工况条件下顶梁前端仅对一侧进行约束,从而增大了顶梁承载时的自由活动面,促使液压支架形成非对称载荷工况。在顶梁对称面、柱窝上方及前后端分别取采样线(7 条采样线),获得的扭转加载条件下顶梁应力分布如图 3-22 所示。由图 3-22 可知,液压支架顶梁应力集中处主要分布于垫块处及立柱后端侧护板千斤顶套筒处(应力最大值为 780 MPa),其余部位应力均值仅为 200~300 MPa。另外,柱窝附近应力值为 400~460 MPa。

若在液压支架对称面及柱窝上方定义取样线,则获取的扭转加载条件下顶梁位移分布如图 3-23 所示。由图 3-23 可知,液压支架顶梁 Y 向位移最大值为 9.9 mm,出现在顶梁非约束端侧边;且沿约束边至非约束边,顶梁位移峰值不断向前端靠近。

依图 3-21(a)所示自顶而下定义液压支架位移取样线,得到的扭转加载条件下液压支架 Y 向位移分布如图 3-24 所示。由图 3-24 可知,相对两端加载(图 3-21),扭转加载条件下除顶梁增加了单侧自由面,导致对称平面出现较大位移(8 mm)外,液压支架其余各构件位移变化较小。

③ 顶梁偏心加载结果分析

图 3-25 所示为偏心加载条件下顶梁应力及位移分布。由图 3-25 可知,除垫块加载处

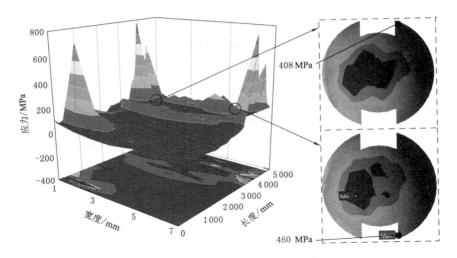

图 3-22　扭转加载条件下顶梁应力分布

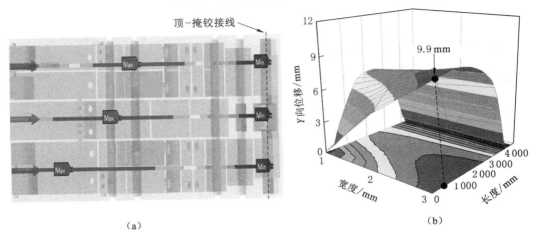

图 3-23　扭转加载条件下顶梁位移分布

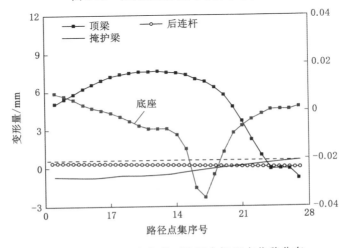

图 3-24　扭转加载条件下液压支架 Y 向位移分布

应力集中区以外,液压支架顶梁应力峰值约为 595 MPa,出现在垫块下方。其余两处应力峰值分别出现在套筒处及柱窝处,分别为 507 MPa 及 575 MPa。由于垫块的单侧位移约束,液压支架顶梁位移自约束侧向非约束侧(宽度方向)逐渐增大,沿长度方向位移仍然呈开口向下的抛物线型,在非约束侧立柱作用线附近达到位移峰值(14.672 mm)。

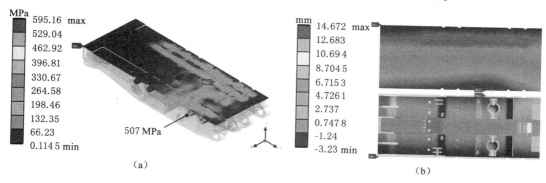

图 3-25　偏心加载条件下顶梁应力及位移分布

④ 底座两端加载结果分析

图 3-26 所示为在底座两端加载条件下顶梁位移及应力分布。由该图可知,顶梁除柱窝外其余位置应力及位移较小,其中两柱窝处应力峰值分别约为 362 MPa 及 340 MPa,位移峰值分别约为 0.533 mm 及 0.531 mm。

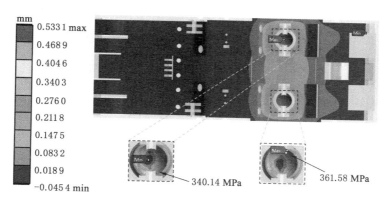

图 3-26　底座两端加载条件下顶梁位移及应力分布

图 3-27 所示为两端加载条件下底座应力及位移分布。由该图可知,除底座应力集中区(底座与垫块接触点)的 719.68 MPa 外,底座最大应力出现在柱窝内侧主筋板线处(584 MPa)。底座位移与顶梁加载工况下位移变化趋势一致,均呈开口向上的抛物线型,最小位移出现在柱窝处,沿 Y 轴方向降低了 3.95 mm。

⑤ 底座扭转加载结果分析

图 3-28 所示为在底座扭转加载条件下液压支架底座应力及位移分布。由该图可知,在底座扭转加载条件下,除却应力集中处的 885 MPa,应力峰值出现在过桥处。由图 3-28 可知,尽管此时过桥处采用了 300 mm 加厚筋板,应力峰值仍可达 748 MPa。相对底座两端加

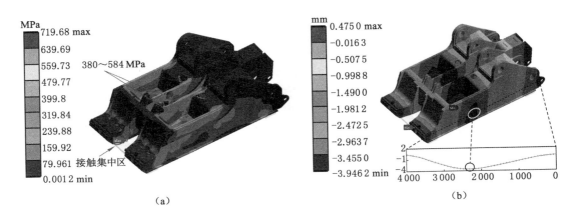

（a）　　　　　　　　　　　　　　　　　　　　（b）

图 3-27　底座两端加载条件下液压支架底座应力及位移分布

载,底座扭转加载柱窝附近主筋板应力略小(300~410 MPa)。此时,非约束处上下柱窝应力峰值达 340 MPa,位移峰值达 −7.05 mm。

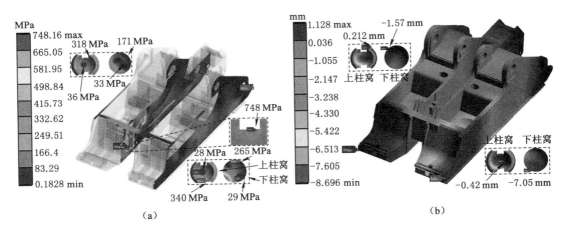

（a）　　　　　　　　　　　　　　　　　　　　（b）

图 3-28　底座扭转加载条件下液压支架底座应力及位移分布

⑥ 组合加载工况结果分析

考虑组合加载工况下,液压支架各构件应力、位移分布与单项加载工况下的相差较小,因此本节不单独赘述各组合加载方式下液压支架的响应结果。在不同组合加载工况下,液压支架各构件应力峰值如表 3-4 所示(为综合对比分析加载结果,表内同时列出了单项加载工况下液压支架各构件的应力峰值)。由表 3-4 可知,在顶梁扭转工况下[工况(b)、(h)、(i)],液压支架应力集中值达到极高水平(965~990 MPa)。对比工况(a)、(b)、(c)可知,在顶梁加载工况下,顶梁上下柱窝应力分布基本一致,其中两端加载工况下柱窝应力均值较小,而掩护梁承受载荷较大。偏心载荷工况下,四连杆机构应力达到最大值 292 MPa。对比工况(d)、(e)可知,底座扭转工况下,柱窝应力峰值较小(上柱窝小 20 MPa,下柱窝小 75~108 MPa),底座应力峰值由柱窝附近主筋板移动至过桥下方。对比工况(a)~(g)可知,组合加载工况下,液压支架各构件应力值兼具了各单项加载工况的应力分布特点。如工况(a)、(d)及(f)三种[工况(a)、(e)及(g)具有相似特征],在工况(a)下,顶梁及平衡千斤顶处应力较大而底座及四连杆处应力较小;在工况(d)下,底座应力较大而顶梁应力较小;而在工况(f)下,液压支架各构件应力均趋于甚至超过两种单项加载工况下的极大值。

表 3-4　液压支架各构件应力峰值

工况编号	顶梁/MPa	柱窝1/MPa	柱窝2/MPa	掩护梁/MPa	平衡缸/MPa	四连杆/MPa	底座/MPa	柱窝3/MPa	柱窝4/MPa
(a)	870	409	437	396	391	28	279	84	82
(b)	990	460	440	158	447	31	378	93	90
(c)	885	470	460	275	245	292	372	92	90
(d)	361	361	354	126	69	134	719	340	284
(e)	340	340	283	162	79	279	722	265	176
(f)	920	440	420	352	354	104	624	177	174
(g)	871	405	401	186	440	260	771	270	180
(h)	965	454	340	201	572	109	642	180	170
(i)	980	460	370	176	384	267	856	272	183
(j)	857	474	304	452	343	630	638	181	165
(k)	825	489	470	472	341	638	760	252	227

综上分析结果可知,液压支架顶梁和底座在静载作用下承受的应力值均较大(624～980 MPa),应力峰值多出现在顶梁后端侧护千斤顶套筒处、底座柱窝主筋板处以及过桥处,应当适当对这些部位进行加固。例如,顶梁主筋板选用板厚为 30 mm 的 Q890 型板材(最小屈服极限大于 955 MPa);底座主筋板选用板厚为 25 mm 的 Q890 型板材;其余基本板材选用板厚为 25 mm 的 Q690 型板材。平衡千斤顶作为液压支架的辅助承载机构,其应力在底座单项加载时较小(69～79 MPa),而在顶梁加载及组合加载工况下,其应力均值均较大(340～570 MPa)。掩护梁在承受顶梁偏心及底座同时承载等复合工况下出现了较大应力峰值(450～470 MPa),因此掩护梁主筋板亦选用 30 mm 板厚的 Q890 型板材。当顶梁及底座承受对称载荷时,四连杆机构承受应力较小(28～134 MPa),而当顶梁及底座任何一位置承受偏扭载荷时,四连杆机构应力值均大幅提高(260～638 MPa),考虑四连杆机构体积较小而应力峰值较大,四连杆整体均采用 Q890 型板材。总体而言,虽然大采高液压支架承受的外载荷及各构件应力峰值较大,但现选用的高强度板材基本能满足液压支架的静载支护需求。

3.2.2　冲击动载传递规律分析

(1)数值分析模型定义

3.2.1 节基于有限元分析法分析了液压支架在静载作用下的应力、位移分布规律。在井下开采过程中,随着工作面的不断推进,直接顶和基本顶产生周期性的断裂,这一行为与上覆岩块的随机破断相结合,形成了作用在液压支架上的冲击载荷。在理想情况下,液压支架顶梁与顶板可形成完全接触方式,此时冲击载荷基本作用于立柱作用线附近,该载荷通过立柱和平衡千斤顶传递至掩护梁及底座,其对液压支架各构件的影响与3.2.1节静载作用分析结果相近(此时通常认为液压支架会承受部分额外的冲击动载作用,该冲击动载系数随采高变化而变化)。然而,在实际情况下,煤层赋存条件复杂多变,且顶梁及顶板之间的接触通常是随机且不规则的。在这种情况下,当冲击载荷出现时,顶梁与顶板的不良接触条件会导致液压支架提前失效:在液压支架各结构件完好条件下,各构件铰接销轴出现冲击断裂或平衡千斤顶出现拉压破坏等现象(平衡千斤顶承载分析详见第4章)。因此,分析冲击载荷作用于液压支架顶梁不同位置时各铰接点力的冲击效应具有重要意义[137,219,222]。

综上所述,本节应从刚柔耦合分析角度出发,分析液压支架在冲击载荷作用下各铰接点的冲击、激振效应。冲击载荷作用下液压支架的刚柔耦合分析模型建立过程与3.1.4节第(3)部分的相似,不同的是3.1.4节中所建立的液压支架数值模型主要用于验证立柱、平衡千斤顶刚度数学模型及所提出刚柔耦合分析方法的合理性,因此选取的液压支架高度为8.2 m,而本节为与3.2.1节静载加载进行对比(同时为对3.2.3节液压支架底板比压适应性分析作铺垫),选取的液压支架工作高度为6.5 m(立柱及平衡千斤顶初始长度变更为5 602 mm及1 780 mm,对其刚度文件进行相应调整)。此外,在3.1.4节讨论液压支架刚度适应性时,为讨论其顶梁在水平沉降时的承载刚度在顶梁上方布置水平放置的顶板。而本节为模拟液压支架在冲击载荷作用于不同位置时的自由俯仰行为,假定液压支架承受单点/区载荷,且不对顶梁进行额外约束。

以液压支架顶梁宽度方向为 X 轴,长度方向为 Y 轴,高度方向为 Z 轴(工作高度为6 500 mm),沿长度方向间隔 $\Delta L = 500$ mm(去除 $Y = 0$ 即第一排点),沿宽度方向间隔 $\Delta W = 400$ mm 取10排共计50个加载点对液压支架进行冲击加载,冲击载荷为1 000 kN(当冲击载荷过大时,会造成平衡千斤顶持续溢流,进而引起液压支架顶梁的前后端俯仰姿态过度)。冲击载荷加载位置示意图如图3-29所示。

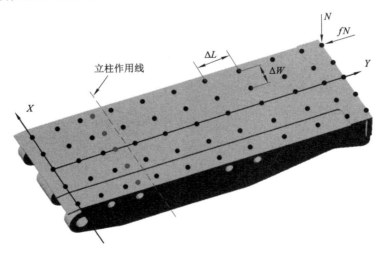

图 3-29　冲击载荷加载位置示意图

(2)冲击效应影响分析

① 立柱及平衡千斤顶冲击响应分析

基于 3.2.2 节第(1)部分的设置,分别对所述各加载点进行冲击加载,得到的液压支架平衡千斤顶及单侧立柱稳态响应力及峰值响应力分别如图 3-30 及图 3-31 所示。由图 3-30 可知,在外载荷作用下,平衡千斤顶稳态响应及冲击峰值响应表现趋势基本一致:当外载荷沿长度方向由前至后移动时,平衡千斤顶逐渐由受压转变为受拉状态,此时液压支架后端在 1000 kN 单区冲击载荷作用下即进入溢流阶段,即在单区承载工况下,液压支架抵抗抬头的能力极弱(详见第 4 章)。在静载作用下,液压支架承受梁端偏载能力略有提升,同时液压支架合力作用线亦大幅贴近煤壁,平衡千斤顶突变线大致位于顶梁 Y 轴方向 2 000~2 200 mm 区域(与第 4 章分析结果相比,移近煤壁约 400 mm)。同时不难观测到,与平衡千斤顶稳态响应力相比,其峰值响应力在顶梁前端表现出明显的冲击效应,且峰值响应覆盖幅域位置远高于顶梁后端的(顶梁后端冲击溢流区未表现出明显的面积差)。即相对顶梁后端,冲击载荷对顶梁前端的冲击响应更剧烈。

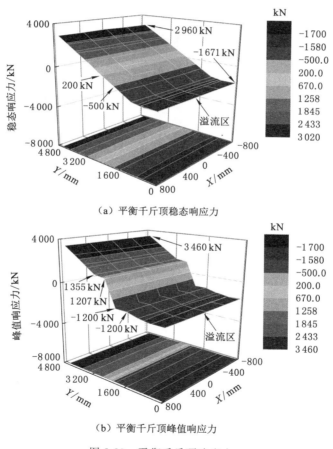

(a)平衡千斤顶稳态响应力

(b)平衡千斤顶峰值响应力

图 3-30 平衡千斤顶响应力

由图 3-31 可知,所选单侧立柱稳态响应力及峰值响应力分别为 8 903 kN 和 8 940 kN,即立柱现行加载条件下远未达到溢流压力 10 500 kN,且此时立柱表现出明显的偏载效应(顶梁前端偏载域为 8 843~8 903 kN),但冲击载荷响应对等效的立柱系统并未产生明显的冲击效应(基本上低于 1%)。但值得注意的是,当外载荷在顶梁前端沿宽度方向移动时,立

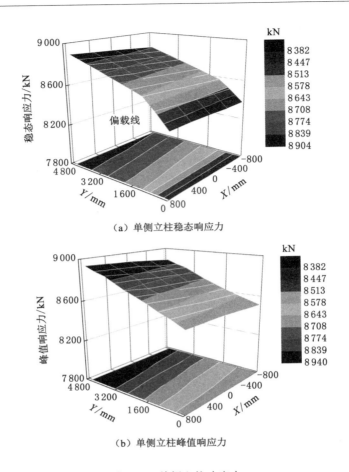

（a）单侧立柱稳态响应力

（b）单侧立柱峰值响应力

图 3-31　单侧立柱响应力

柱偏载效应呈不断降低趋势；在越过立柱作用线后，由于平衡千斤顶迅速达到溢流状态，此时偏载效应对立柱的影响基本可忽略（考虑到另一侧立柱响应力沿顶梁宽度方向呈完全对称状态，因此暂不赘述其响应结果）。

　　② 平衡千斤顶冲击效应分析

　　由第①部分分析结果可知，液压支架各结构件及其铰接点对顶梁冲击力的敏感响应程度不同，因此本部分为了对分析结果进行等价评估，引入冲击系数 I 和激振系数 L 对分析结果进行尺度变换，相应变换方程如式（3-27）及式（3-28）所示[219]。

$$I_{(x,y)}^{i} = \frac{F_{i,\max} - F_{i,0}}{F_i} \tag{3-27}$$

$$L_{(x,y)}^{i} = \frac{F_{i,\max} - F_{i,s}}{F_{i,s}} \tag{3-28}$$

式中　$I_{(x,y)}^{i}$——冲击载荷作用于顶梁(x,y)点时，铰接点 i 的冲击系数。

　　　　$L_{(x,y)}^{i}$——冲击载荷作用于顶梁(x,y)点时，铰接点 i 的激振系数。

　　　　$F_{i,\max}$——冲击载荷引起的铰接点 i 处的峰值响应力。

　　　　$F_{i,0}$——静载荷引起的铰接点 i 处的静载响应。

$F_{i,s}$——冲击载荷引起的铰接点 i 处的稳定响应力。

F_i——施加的冲击载荷(本节选定的相关冲击载荷为 1 000 kN)。

当冲击载荷作用于液压支架不同位置时,平衡千斤顶的冲击效应及激振效应如图 3-32 所示。如前所述,所选液压支架仅有单个平衡千斤顶(宽度方向对称平面内),因此外载荷沿液压支架宽度方向移动时,平衡千斤顶冲击效应基本无变化。选定冲击载荷为 1 000 kN,且平衡千斤顶稳态响应力沿顶梁长度方向呈近线性变化,因此此时平衡千斤顶的冲击效应变化规律基本服从于平衡千斤顶的冲击响应变化趋势(由于放缩了 1 000 倍,顶梁后端冲击效应系数变化差异极小)。

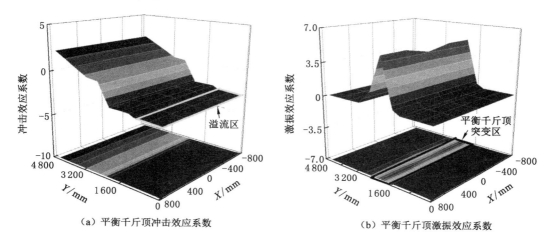

(a) 平衡千斤顶冲击效应系数　　　　(b) 平衡千斤顶激振效应系数

图 3-32　平衡千斤顶冲击效应及激振效应

通过观察图 3-32(b)不难发现,当外载荷沿顶梁长度方向移动时,平衡千斤顶表现出明显的分区特性:在顶梁前端及后端,平衡千斤顶激振效应极弱(基本为 0,原因在于平衡千斤顶在此阶段受冲击载荷作用后迅速达到溢流状态);在平衡千斤顶突变区(即第 4 章立柱主导区亦或最优平衡区),平衡千斤顶激振效应显著增强(不小于 5)。显然,当外载荷作用于液压支架顶梁前端或后端时,液压支架的载荷平衡能力极弱。随着液压支架姿态的恶化,若外载荷得不到有效抑制,则平衡千斤顶会持续溢流进而引起液压支架的支护失效(低头姿态或高射炮姿态)。

③ 四连杆机构冲击效应分析

四连杆机构的冲击效应和激振效应如图 3-33 和图 3-34 所示。当冲击载荷沿顶梁逐渐后移时[图 3-33(a)及图 3-34(a)],前连杆及后连杆的力均呈递增趋势(由前至后前连杆稳定响应力为 5 360～11 700 kN,峰值响应力为 5 940～12 700 kN,后连杆稳定响应力为 4 780～9 720 kN,峰值响应力为 5 210～10 500 kN)。但当冲击载荷作用于顶梁前端时(1 000～4 770 mm),前连杆及后连杆冲击响应极弱(前连杆基本稳定在 5 500 kN,后连杆基本稳定在 4 800 kN)。当冲击载荷作用于立柱作用线后方时,前连杆及立柱稳态响应力及冲击响应力迅速增强,即当冲击载荷作用于液压支架后端时,四连杆机构对冲击外载荷的响应更敏感。四连杆机构承受的附加载荷较高,且随冲击载荷带来的激振效应极低(约为1%),因此冲击载荷沿顶梁宽度方向移动时对四连杆机构引起的偏载效应极弱。

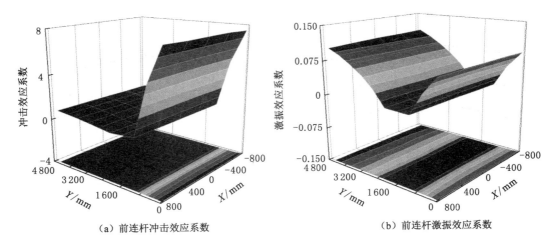

（a）前连杆冲击效应系数　　　　　　（b）前连杆激振效应系数

图 3-33　前连杆冲击效应和激振效应

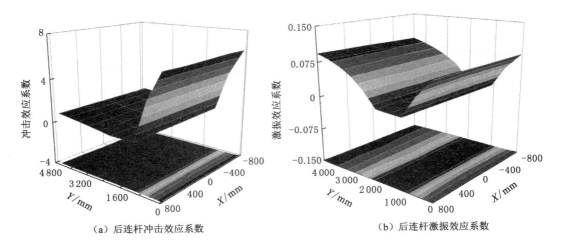

（a）后连杆冲击效应系数　　　　　　（b）后连杆激振效应系数

图 3-34　后连杆冲击效应和激振效应

从激振效应来看[图 3-33(b)及图 3-34(b)]，前连杆及后连杆均表现出了明显的平衡千斤顶突变现象。即当冲击载荷沿顶梁长度方向由前至后时，初始阶段，前后连杆激振效应均呈递减趋势，随后在所述的平衡千斤顶突变区内，四连杆机构的激振效应极弱（基本降为0），而此时平衡千斤顶冲击效应达到最高水平。综合图 3-30 至图 3-34 不难发现，随着顶梁载荷后移，立柱的冲击载荷响应力逐渐降低，而四连杆机构承受的附加载荷逐渐升高（在顶梁后端时，四连杆机构承受的附加载荷甚至远远超过立柱额定工作阻力）。

④ 顶梁-掩护梁铰接点冲击效应分析

图 3-35 所示是液压支架顶梁-掩护梁冲击效应及激振效应。由图 3-35 可知，当冲击载荷沿顶梁长度方向由前至后移动时，顶梁-掩护梁铰接点与平衡千斤顶表现出相似的变化趋势：以平衡千斤顶突变区为界，先增大后减小（2 730 kN 至 0 kN 至－2 220 kN），从而辅助平衡千斤顶调整液压支架姿态。与平衡千斤顶不同的是，由于选定的液压支架顶梁和掩护梁间采用双铰接点，当外载荷沿顶梁宽度方向变化时，该铰接点表现出了一定的偏载效应

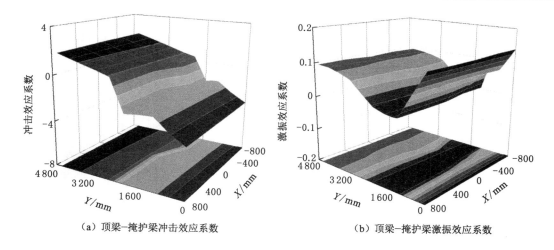

（a）顶梁-掩护梁冲击效应系数　　　　　（b）顶梁-掩护梁激振效应系数

图 3-35　顶梁-掩护梁冲击效应及激振效应

（约为 1%，与四连杆机构相似，当冲击载荷作用于顶梁前后端时该偏载效应并不明显）。在平衡千斤顶突变区，顶梁-掩护梁冲击效应出现了明显的偏载效应（冲击侧为 1 230 kN，而非冲击侧为 −1 230 kN）。图 3-36 所示为液压支架顶梁倾角变化趋势。显然，当外载荷由前至后移动时，液压支架顶梁逐渐由低头姿态过渡至抬头姿态，且液压支架抵抗抬头的能力远低于抵抗低头的能力，这符合液压支架的基本动作规律。

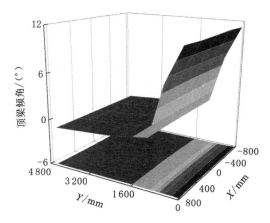

图 3-36　液压支架顶梁倾角变化趋势

3.2.3　底板比压适应性分析

　　液压支架在承载过程中对工作面底板形成的比压特性直接影响了其移架性能，进而直接决定了大采高液压支架选用的合理性：若底座前端比压过大，则液压支架在承载过程中底座将压碎底板导致无法正常移架[121]。基于此，本节从液压支架角度出发，对不同工况下其对底板产生的比压分布特性展开分析，以进一步完善液压支架强度适应性分析理论。首先基于 ADAMS 构建了液压支架多刚体耦合数值分析模型。其次通过给顶板施加 3.2.1 节中所指出的 5 种不同载荷工况，获取了液压支架在不同顶板载荷作用下的各铰接点（立柱下铰点、前连杆下铰点及后连杆下铰点)载荷谱。最后基于 LS-DYNA 软件建立了液压支架底座-底板有限元分析模型,将前序获取的液压支架在不同工况下各铰点的响应载荷谱输入底座-底板有限元分析模型,就可得到液压支架在不同工况下的底板比压分布特性。

(1)液压支架多刚体数值模拟

液压支架的建模如 3.1.3 节所述,本节不再赘述。液压支架承受的顶板载荷除图 3-16 所示的两端加载、单侧偏载及前方扭转外,同时加入了后方扭转以及顶板均布载荷计 5 种不同工况。考虑本节在处理立柱及平衡千斤顶时将其等效为带溢流弹簧-阻尼系统,因此当液压支架承担载荷过大时,立柱及平衡千斤顶会迅速进入持续溢流状态而无法形成平衡过程。固本节在液压支架顶梁上方布置刚性顶板,通过刚性顶板将载荷传递至顶梁。将顶板与顶梁之间设置为碰撞接触(如 3.1.3 节),将刚性顶板与底座设置为平行以模拟液压支架的水平升降承载姿态,顶板处施加的载荷为 20 000 kN,载荷函数时间为 6 s,仿真时间为 8 s。设置完成的液压支架模型如图 3-37 所示。

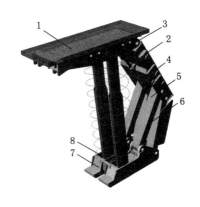

1—模拟顶板;2—等效平衡千斤顶弹簧;
3~6—柔性结构件;
7—刚性底座;8—等效立柱弹簧。

图 3-37　液压支架底板比压载荷
获取模型(6.7 m 采高)

分别运行仿真,得到液压支架不同载荷工况下的载荷谱如图 3-38 所示。由图 3-38 可知,在 5 种载荷工况下,立柱系统承载均值约为 10 000 kN,明显大于连杆铰接点力,即立柱系统为液压支架主要承载构件,来自顶板的载荷绝大部分通过立柱传递至底板。在对称载荷作用下,液压支架立柱及连杆铰接点载荷呈对称分布,此时立柱承受载荷大致为外载荷及顶板载荷的 1/2。5 种载荷工况下,液压支架前连杆载荷普遍高于后连杆载荷。当外载荷沿液压支架顶梁宽度方向呈不对称分布时,立柱及连杆载荷响应亦表现出明显的非对称特性,且此时连杆承受的载荷明显增加,偏载工况下前连杆受压侧载荷达 9 357 kN。

(2)液压支架底板比压分析

考虑液压支架在实际工作时,来自前序构件的载荷(自顶而下,顶部相对底部为前序)均通过销轴传递至下一结构件,因此本节在建立大采高液压支架底板比压分析模型时,建立包含销轴的底板比压分析模型以模拟液压支架底座的真实承载工况。其中,底座及销轴材料选择 PIECEWISE_LINEAR_PLASTICITY 弹塑性模型,泊松比设定为 0.3,密度为 7 850 kg/m³,剪切模量为 2.1×10^5 MPa。销轴与底座之间采用 AUTOMATIC SURFACE-TO-SURFACE 接触,接触载荷通过建立的加载面传递至底座(考虑底座铰接耳座结构为箱型结构,因此建立环形加载面以模拟销轴与铰接耳座的真实载荷传递工况,此外加载面可以实现连杆力载荷角度的模拟)。底板材料模型与第 2 章的相似,选取 Mohr-Coulomb 模型,参数设置参照细砂岩相关参数,同样忽略其节理损伤(见第 2 章)。基于上述设置,建立的液压支架底板比压分析模型如图 3-39 所示。

基于上述设置,将仿真运行时间设置为 25 s,分别运行各仿真得到的不同工况下液压支架底板 Z 向(高度方向)比压及位移如图 3-40 所示。鉴于不同工况条件下底板关键影响区主要分布在柱窝下方,因此提取柱窝影响范围区域对仿真结果展开分析。如图 3-40 所示,

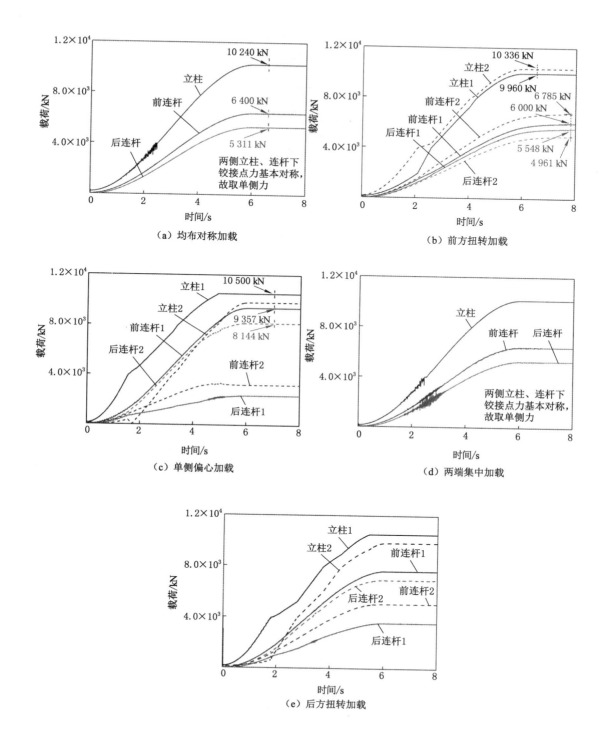

图 3-38　液压支架在不同载荷工况下的载荷谱

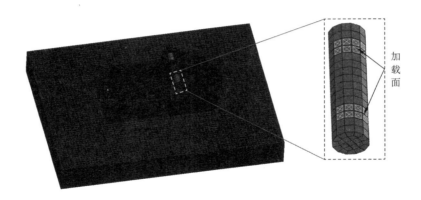

图 3-39　液压支架底板比压分析模型

随液压支架工况变化，液压支架对底座柱窝处引起的 Z 向应力及 Z 向位移各不相同（极限位移大致为 3.69～3.79 mm，极限应力大致为 3.50～3.71 MPa），即顶板偏载效应虽然会引起立柱压力分布不均，但经底座传递至底板后，其偏载效应相对较弱（图 3-40 中底板位移及应力虽然随工况变化表现出明显的偏载效果，但实际影响有限）。不难发现，底座柱窝内侧板处应力及位移相较外侧更大（这与 3.2.1 节液压支架静力学强度分析是一致的），因此在设计液压支架时，有必要对底座内侧结构强度进行提升。同时通过观测图 3-40(e)不难发现，液压支架底座采用柔性体计算，柱窝下方应力、位移呈条带分布，条带间存在有一定的卸压区（原因在于柱窝处采用并行筋板卸压结构，优化了柱窝焊接性能，避免了柱窝处的应力峰值集中，如图 3-41 所示）。

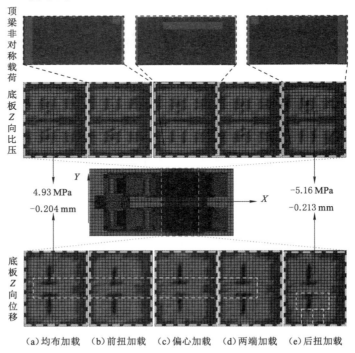

(a)均布加载　(b)前扭加载　(c)偏心加载　(d)两端加载　(e)后扭加载

图 3-40　底板 Z 向比压及位移

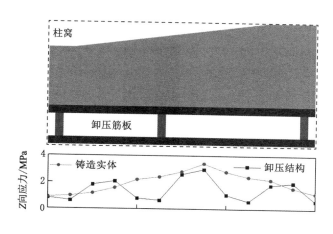

图 3-41　柱窝结构示意图

为直观表征液压支架底座在不同载荷工况下对底板形成的 Z 向比压及位移变化情况,绘制的底板 Z 向比压及位移曲面如图 3-42 所示。由图 3-40(a)和图 3-40(d)所示,在顶板对称载荷工况下,底板所受载荷主要集中在底座柱窝下方的区域,基本呈左右对称分布,底座最前端及底座柱窝后方 Z 向应力均较小(约为 0.5 MPa),在柱窝下方的底座应力达到峰值(3.5 MPa),液压支架整体呈前端低头-中部压入-后端翘曲姿态,这与参考文献[144]中的试验结果基本一致。观察图 3-40(b)、图 3-40(c)及图 3-40(e)可知,在偏载工况下,底板偏载侧位移及比压相对正常加载时的均表现出不同程度的恶化(约为 0.29~0.50 MPa、0.30~0.38 mm)。但总体而言,相对底板抗压强度 18 MPa,所选择的液压支架能满足底板比压限定需求(考虑水软效果及开采扰动对底板的弱化效果,底座对底板的 Z 向比压有较高的压力裕量)。

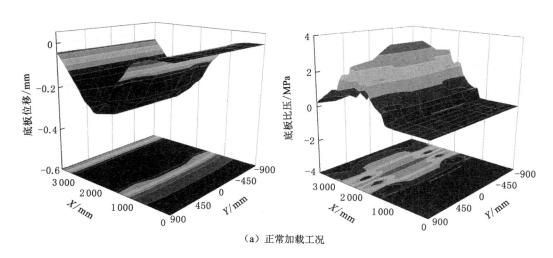

(a)正常加载工况

图 3-42　底板 Z 向比压及位移曲面

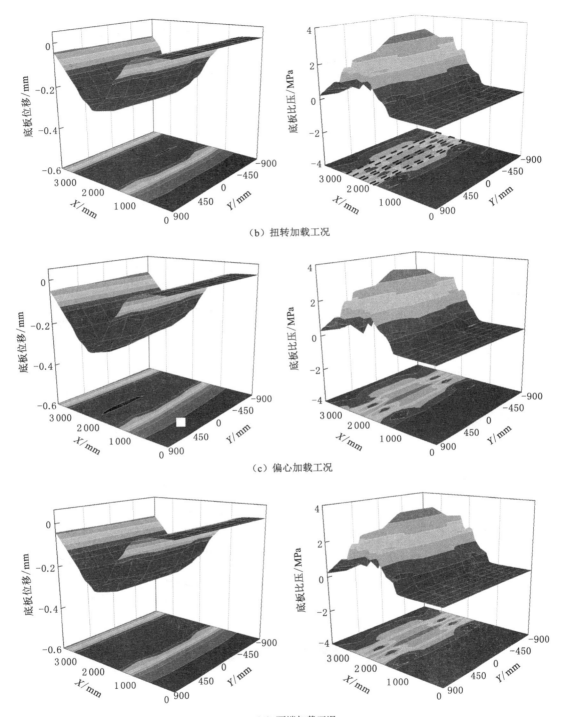

（b）扭转加载工况

（c）偏心加载工况

（d）两端加载工况

图 3-42（续）

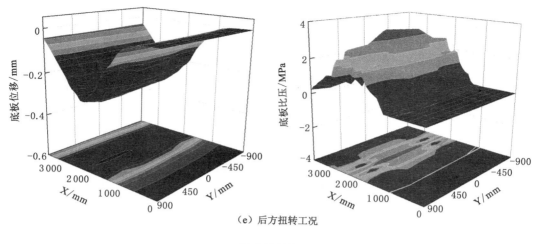

(e) 后方扭转工况

图 3-42(续)

3.3 特大采高液压支架稳定性和适应性分析

液压支架-围岩系统失稳的最终表现形式为工作面支护失效而导致围岩破坏。在煤层开挖前,顶板-煤层-底板系统处于原岩应力平衡状态,而煤层的开挖行为打破了这一平衡状态,从而造成工作面-围岩系统在矿山压力作用下产生动态失稳趋势。尤其在大采高、大倾角或急倾斜开采条件下,顶板的过度沉降及底板破坏后的底鼓、滑移运动,易导致工作面顶板较早出现离层,此时直接顶在矿山压力作用下处于破碎状态且煤壁极易出现片帮,从而导致液压支架不能有效接顶,此时一旦出现顶板来压甚至在移架过程中无外力影响就会诱发液压支架出现翻转、滑移等现象。

3.3.1 特大采高液压支架失稳机理分析

液压支架的失稳即以底座与底板的某一接触线、面为固支端引起的倾倒、旋转及滑移现象。单架失稳工况如图 3-43 所示。根据液压支架不同工作方式,其沿工作面的失稳形式可分为俯斜失稳、仰斜失稳、侧翻失稳及侧滑失稳 4 种;其失稳工况分为空载失稳及带载失稳2 种。空载失稳通常发生在液压支架降架、移架及升架期间(触顶承压前),带载失稳则是当液压支架经过顶板破碎带时(当顶板状态完整时,一旦液压支架产生倾覆趋势,则顶板会辅助矫正液压支架位态,此时液压支架失稳趋势与空载失稳趋势基本一致)承载位置偏移重心造成的倾覆、滑移及溜底现象[23, 121]。考虑液压支架承载位置偏移时,液压支架姿态及各构件重心会随之变化从而导致液压支架重心测算不可测控,因此本节主要针对液压支架空载失稳工况展开分析。

在空载失稳工况下,液压支架的质心位态是决定液压支架稳定性的关键因素,而液压支架的质心位态又取决于工作面底板倾角、液压支架工作高度以及开采方式。在上述液压支架质心位态作用下,当液压支架质心偏离底座固支端时液压支架会倾覆失稳,当液压支架工作底板倾角大于底板摩擦角时液压支架会产生滑移失稳[23]。空载工况下液压支架失稳机理如图 3-44 所示。

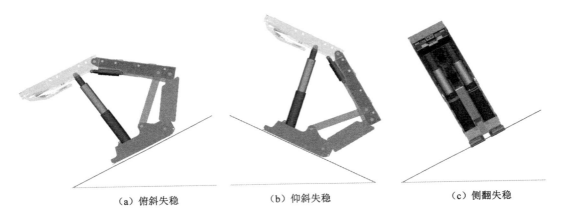

（a）俯斜失稳　　　　　　（b）仰斜失稳　　　　　　（c）侧翻失稳

图 3-43　单架失稳工况分析

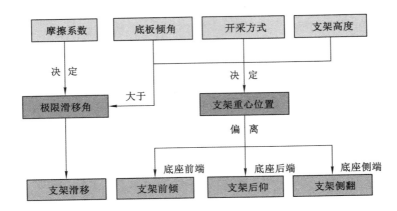

图 3-44　空载工况下液压支架失稳机理

3.3.2　特大采高液压支架临界失稳数学模型

（1）俯斜失稳工况

当采用俯斜开采或沿工作面推进方向底板起伏不平使液压支架处于俯斜支护姿态时，液压支架俯斜失稳力学模型如图 3-45 所示。

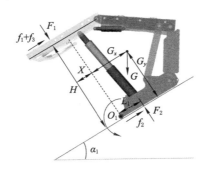

图 3-45　液压支架俯斜失稳力学模型

对液压支架俯斜固支线 O_1 取矩得：

$$M_{O1} = G\cos \alpha_1 G_x + (f_1 + f_3)H - G\sin \alpha_1 G_y - F_2 L_1 - F_1 X \tag{3-29}$$

式中　F_1——液压支架承担的顶板载荷，kN；

　　　X——顶板载荷作用位置，mm；

　　　f_1,f_3——作用于液压支架的顶板摩擦力和邻架摩擦支反力，kN；

　　　H——液压支架工作高度，mm；

　　　G——液压支架重力载荷，kN；

　　　(G_x,G_y)——液压支架重心坐标，mm；

　　　F_2——底板对液压支架的支反力，kN，在临界俯斜工况下 $F_2=0$；

　　　L_1——液压支架产生俯斜姿态前底板对液压支架支反力的作用位置，mm，在临界俯斜工况下底板支反力对液压支架质心的力矩为 0；

　　　α_1——底板俯斜角度，(°)。

在液压支架临界俯斜工况下（临界俯斜失稳条件为 $M_{O1} \leqslant 0$）液压支架临界俯斜角可表示为：

$$\alpha_1 = \arctan(G_x/G_y) \tag{3-30}$$

（2）仰斜失稳工况

当采用仰斜开采或沿工作面推进方向底板起伏不平使液压支架处于仰斜支护姿态时，液压支架仰斜失稳力学模型如图 3-46 所示。

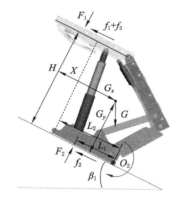

图 3-46　液压支架仰斜失稳力学模型

对液压支架仰斜固支线 O_2 取矩得：

$$M_{O2} = G\cos \beta_1 (L_2 - G_x) - G\sin \beta_1 G_y + F_1 X + (f_1 + f_3)H - F_2 L_1 \tag{3-31}$$

式中　L_2——底座长度，mm；

　　　β_1——底板仰斜角度，(°)。

同理，在液压支架临界仰斜工况下，$F_2=0$，此时液压支架的临界仰斜失稳条件为 $M_{O2} \leqslant 0$。则此时液压支架临界仰斜角 β_1 可表示为：

$$\beta_1 = \arctan[(L_2 - G_x)/G_y] \tag{3-32}$$

（3）侧翻失稳工况

假定液压支架铰接点间隙配合良好，则当位于大倾角工作面或沿工作面倾向底板起伏不平使液压支架处于侧向翻转姿态时,液压支架侧翻失稳力学模型如图 3-47 所示。

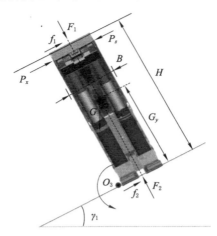

图 3-47 液压支架侧翻失稳力学模型

对液压支架侧翻固支线 O_3 取矩得:

$$M_{O3} = (G + F_1 - F_2)\cos \gamma_1 B/2 - G\sin \gamma_1 G_y + (P_x + f_1 - P_s)H \tag{3-33}$$

式中　P_s、P_x——邻架推挤用力,kN;

　　　B——液压支架底座宽度,mm;

　　　γ_1——底板倾斜角度,(°)。

如上所述,液压支架在临界失稳工况下,$F_2 = 0$,此时液压支架的临界侧翻失稳条件为 $M_{O3} \leqslant 0$。则此时液压支架的临界侧翻角 γ_1 可表示为:

$$\gamma_1 = \arctan(B/2G_y) \tag{3-34}$$

(4) 滑移失稳工况

假定液压支架铰接点间隙配合良好,则当位于大倾角工作面或沿工作面倾向底板起伏不平使液压支架处于侧向滑移姿态时,液压支架滑移失稳力学模型如图 3-48 所示,其中图 3-48(a)和图 3-48(b)分别表示空载滑移和带压移架滑移两种失稳工况。

在空载滑移失稳工况下,假定液压支架在临界侧翻失稳前就出现滑移,则此时液压支架滑移力如式(3-35)所示。

$$F = G\sin \varphi_1 - Gf\cos \varphi_1 \tag{3-35}$$

式中　φ_1——工作面底板倾角;

　　　f——液压支架与底座-底板摩擦因数,本节取值 $f = 0.35$。

在液压支架临界滑移工况下($F \geqslant 0$),液压支架临界滑移角可表示为:

$$\varphi_1 = \arctan f \tag{3-36}$$

在带压移架滑稳失稳工况下,液压支架临界滑移力如式(3-37)所示:

$$F_{dp} = G\sin \varphi_1 + P_x - (G + F_1)f\cos \varphi_1 \tag{3-37}$$

式中　F_{dp}——液压支架带压移架时临界滑移力。

综上所述,液压支架在俯斜失稳、仰斜失稳及侧翻失稳工况下,液压支架的临界失稳角理论解析中分母项均为液压支架质心高度,即液压支架质心高度越大,其临界失稳倾角愈

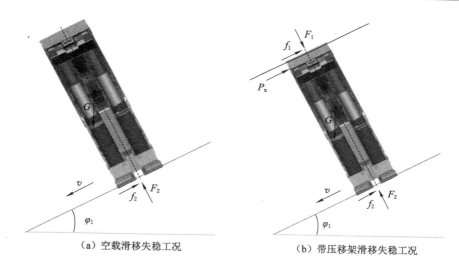

（a）空载滑移失稳工况　　　　　　　　（b）带压移架滑移失稳工况

图 3-48　液压支架滑移失稳力学模型

小。相对而言,液压支架在空载滑移工况下的临界失稳倾角与外界参数无关,仅与底座-底板摩擦系数有关。采用带压移架方式时,顶板对液压支架形成的垂向底板夹持力会大幅提高液压支架的抗滑移能力。

3.3.3　特大采高液压支架临界失稳数值模拟分析

基于 3.1.2 节多刚体动力学软件 ADAMS 建立的液压支架数值分析模型(与 3.1.2 节模型不同的是,液压支架各结构件处理为刚性体),对液压支架进行临界失稳数值模拟以对 3.3.2 节理论分析进行对比、验证。液压支架失稳数值模型如图 3-49 所示。

图 3-49 所示模型的条件是,将液压支架与底板以各工况固支线为基础的连接设置为铰接并采用底板倾角控制电机控制,立柱采用线性位移电机驱动以模拟液压支架的不同支护高度。将液压支架顶梁与底座设置为平行,其余各结构件间采用旋转副连接。

（1）质心位置分析

在进行失稳数值模拟分析前,首先对液压支架各工作高度的质心位置进行测算以辅助 3.3.2 节理论结果解算。沿液压支架高度方向每隔 400 mm 取值,得到的液压支架各工作高度下质心坐标如图 3-50 所示。

由图 3-50 可知,随液压支架工作高度上升,液压支架质心在不断上升的同时逐渐贴近煤壁,这与液压支架梁端距变化规律相似(第 4 章的图 4-7)。相对液压支架工作高度上升 4.4 m,液压支架质心仅上升了 2.3 m,并向煤壁方向移近约 0.3 m。由 3.3.2 节理论分析可知,液压支架质心的这一变化将直接影响其临界失稳倾角。

（2）失稳数值模拟

以液压支架 6.6 m 采高时的俯斜失稳工况为例,分别设置底板倾角控制电机及液压支架立柱电机动作序列,使立柱长度在 5 s 内到达 2 710 mm(对应液压支架工作高度 6.6 m),底板在 35 s 内旋起 30°(实际旋起角度以液压支架脱离底板为依据)。最终得到的液压支架临界俯斜失稳模拟结果如图 3-51 所示。

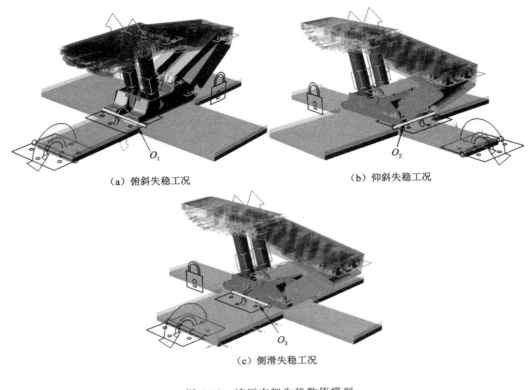

（a）俯斜失稳工况 （b）仰斜失稳工况

（c）侧滑失稳工况

图 3-49　液压支架失稳数值模型

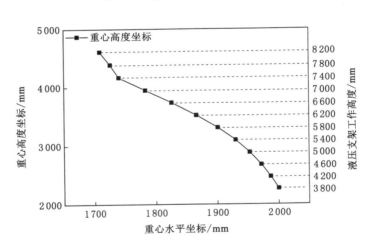

图 3-50　不同工作高度下液压支架质心坐标

3.3.4　结果对比与分析

将 3.3.3 节第(1)部分的液压支架质心坐标分别代入式(3-29)至式(3-36)，得到液压支架在不同工况下，其失稳角度随液压支架工作高度变化的理论曲线如图 3-52(a)所示。由图 3-52(a)可知，与 3.3.2 节分析一致，随液压支架工作高度的增大，液压支架俯斜角、仰斜

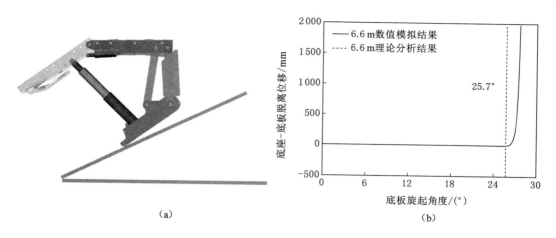

图 3-51　液压支架临界俯斜失稳模拟结果

角及侧翻失稳角均迅速减小,而滑移失稳角保持不变。相对液压支架仰斜失稳工况(角度变化量 $\Delta\beta_1=14°$)及侧翻失稳工况(角度变化量 $\Delta\gamma_1=11°$),其俯斜失稳工况失稳角(角度变化量 $\Delta\alpha_1=21°$)对高度变化更敏感。随后依据式(3-36)分别改变底座-底板摩擦因数(0~0.35)及液压支架带压移架压力(0~0.7 MPa),得到的液压支架滑移失稳角如图 3-52(b)所示。由图 3-52(b)可知,采用带压移架时,液压支架的极限滑移角迅速变大(随移架压力的增大不断增大,当移架压力为 0.7 MPa 时,液压支架极限滑移角被提高至 26.8°),即液压支架稳定性与液压支架底座-底板摩擦系数以及移架压力呈正相关关系。

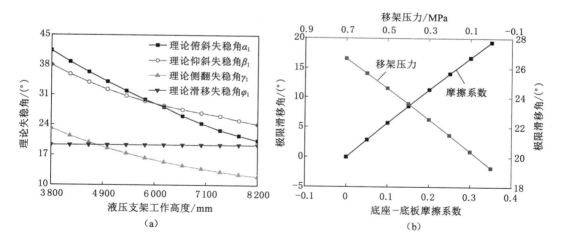

图 3-52　液压支架失稳角理论变化曲线

　　将上述理论分析结果与 3.3.3 节数值模拟分析结果作对比,得到的对比结果如图 3-53 所示。由图 3-53 可知,数值模拟与理论分析结果极限误差小于 1.2%,具有较好的一致性,双向映证了理论分析与数值模型的可靠性。

　　由图 3-53 可知,在空载工况下,液压支架极限滑移角为 19.3°。液压支架最小俯斜失稳角、仰斜失稳角及侧翻失稳角均出现在最大采高值处,分别为 20.2°、24.5° 及 12°。在实际使用中,液压支架各构件铰接点的横向间隙会促使液压支架顶梁和底座相对滑移,进而恶化液压支架工况。因此须着重预防大采高液压支架在工作面产生的侧向滑移失稳。液压支架在到达 4.5 m 采高前,其横向滑移趋势小于侧翻趋势,当液压支架到达 4.5 m 采高后,液压支架更倾向出现侧翻失稳。同时,随着液压支架工作高度上升,其质心逐渐贴近煤壁(靠近底座前端),液压支架失稳趋势由仰斜失稳过渡为俯斜失稳(临界突变工作高度约为 6 m)。

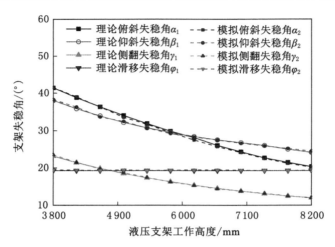

图 3-53　液压支架的理论、模拟失稳角对比结果

4　特大采高液压支架支护失效分析及载荷平衡区模拟研究

第 3 章分析了液压支架在额定静载及冲击动载工况下液压支架的强度适应性及冲击动载响应特性。然而,在井下应用时,经常出现液压支架立柱远未达到工作阻力,液压支架便已出现低头、抬头等支护失效现象[155-158]。基于此,为研究大采高液压支架的超前支护失效机理,本章从分析大采高液压支架顶梁不同位姿工况下的极限承载能力入手,建立不同载荷条件下液压支架的载荷平衡区数学模型(第 3 章的载荷突变区),并采用第 3 章建立的液压支架刚柔耦合分析模型对液压支架载荷平衡区进行数值模拟。通过对比数值模拟和理论分析结果,双向验证数值模拟及理论分析结果的准确性,从而为液压支架的结构设计、优化以及支护状态的实时监测、评估提供理论支撑。

4.1　特大采高液压支架支护失效分析

特大采高工作面由于一次采出煤体厚度更大,直接顶的垮落难以充分填充采空区,进而导致靠近工作面的低位岩层结构回转空间大幅增大(低位关键层结构),无法触矸形成自平衡结构。此时低位基本顶将由中厚煤层的回转破断失稳逐渐演化为厚煤层的滑落破断失稳,即覆岩平衡结构向更高层位发展,从而促使大采高工作面覆岩活动空间大幅提升。大采高工作面覆岩的大回转空间及滑落破断促使工作面覆岩活动范围、覆岩压力显著增大,进而对工作面液压支架产生更强的冲击载荷,从而使得工作面片帮、冒顶更为严重。构建特大采高液压支架载荷平衡区模型,分析大采高液压支架在不同载荷条件下的支护失效形式,能为液压支架选型设计、结构优化、姿态控制提供有效的理论支撑。

液压支架支护失效现象包括两种方式:额载工况失效(立柱溢流)及非额载工况失效(掩护式液压支架平衡千斤顶溢流、支撑掩护式液压支架前后柱单排溢流)。当工作面上覆围岩支护状态良好时(顶板状态完整),液压支架处于均布承载或多区承载等基本工况。其额载失效工况如图 4-1 所示。此时液压支架顶梁基本保持水平或微斜沉降,立柱的超强工作阻力能够得到有效利用[长时间额载工况失效表明液压支架立柱工作阻力选取不当,即第 3 章图 3-6(c)中 GRC 响应中的液压支架刚度较小]。

然而,在井下开采过程中,由于液压支架在每个工作位频繁挤压顶板,顶板通常处于较破碎状态。液压支架在同一工作位反复挤压顶板的频次可由式(4-1)获得:

$$n_f = L_{cp}/l_{cd} \tag{4-1}$$

式中　L_{cp}——液压支架顶梁长度;

　　　l_{cd}——配套采煤机截深。

ZY21000/38/82 型液压支架顶梁长度为 4 770 mm,配套采煤机截深为 865 mm,即液压支架在每个工作位反复支撑顶板 6 次。

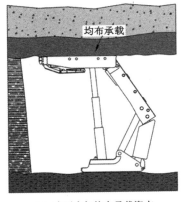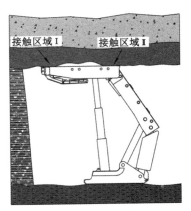

（a）液压支架均布承载姿态　　　　　（b）液压支架多区承载姿态

图 4-1　液压支架额载失效工况

破碎的工作面顶板导致液压支架尤其是大采高液压支架在升架、支护过程中极易形成顶梁前端或后端优先触顶的单区承载工况。液压支架非额载失效工况如图 4-2 所示（支护过程中,顶板前后端冒顶或顶板断裂位置不当等均可造成液压支架的不良支护姿态）。随液压支架的进一步动作,若其不良支护姿态始终无法得到改善,则掩护式液压支架平衡千斤顶始终会处于溢流状态（支撑掩护式液压支架单排立柱溢流）,从而形成前端低头、"高射炮"等不良支护姿态（支撑掩护式液压支架拔前柱或拔后柱现象）,降低液压支架承载性能,此时液压支架远未达到其额定工作阻力即发生超前破坏（非额载失效工况）。

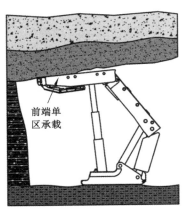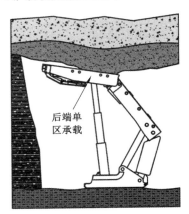

（a）液压支架前端低头承载姿态　　　　　（b）液压支架顶梁抬头承载姿态

图 4-2　液压支架非额载失效工况

综上所述,液压支架在井下的真实承载工况较为复杂,液压支架在不同载荷工况下（对称载荷和非对称载荷、单区承载和多区承载）的顶梁极限承载力是研究液压支架支护性能的关键。为更全面掌握大采高工作面液压支架与顶板的耦合适应性关系,接下来以大采高液压支架通常采用的掩护式架型为例（掩护式液压支架单排大流量立柱直撑配合小流量平衡千斤顶辅撑的支护方式比四柱支撑式液压支架支护方式的动作速度更快,能有效减少工作面空顶时间,同时其质量更轻便,便于井下运输),建立其单区承载条件下全高度范围载荷平衡区数学模型,分析其工作高度、顶板水平力及平衡千斤顶与立柱参数变化等对载荷平衡区分布特征的影响。在此基础上,为进一步完善液压支架载荷平衡区理论及拓展其适用范围,结合液压支架实际工况,研究顶梁双区承载条件下液压支架极限承载平衡条件,并与单区承载条件下顶梁载荷平衡区分布进行对比分析,以准确把握顶梁承载条件与载荷平衡区分布间的关系。

4.2　特大采高液压支架载荷平衡区模型

本节以 ZY21000/38/82 型特大采高液压支架为例,建立了特大采高液压支架载荷平衡区模型,并对载荷平衡区分布、影响因素展开分析,液压支架基本参数同第 2 章所述[229]。

4.2.1　单区非对称载荷下载荷平衡区分析

基于单区非对称载荷假设,液压支架的空间力学模型如图 4-3 所示。在图 4-3 中,N 为液压支架在坐标点 (x, y) 处可承受的极限外载,f 为顶板与顶梁间的摩擦系数,h_1、h_2 及 h_7 分别为掩护梁与顶梁铰接点高度、立柱上铰接点高度及平衡千斤顶铰接点高度,x、y、z 轴分别代表液压支架长度方向、宽度方向及立柱延展方向。

图 4-3 中假定:① 掩护梁未承受额外载荷;② 忽略立柱及平衡千斤顶承载时的液压弹性变形;③ 忽略掩护梁对顶梁的额外载荷;④ 忽略顶板的偏载变形效应[169, 230]。那么基于图 4-3 建立的液压支架力平衡方程及力矩平衡方程如式(4-2)所示。

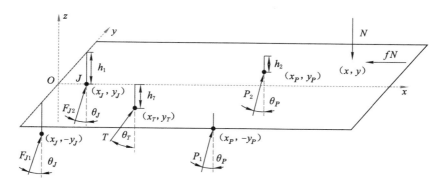

图 4-3　非对称载荷条件下液压支架的空间力学模型

$$
\left.
\begin{aligned}
\sum F_x = 0 \quad & -fN + (P_1 + P_2)\sin\theta_P + T\sin\theta_T + (F_{J1} + F_{J2})\sin\theta_J = 0 \\
\sum F_y = 0 \quad & -N + (P_1 + P_2)\cos\theta_P + T\cos\theta_T + (F_{J1} + F_{J2})\cos\theta_J = 0 \\
\sum M_x = 0 \quad & -Ny + (P_2 - P_1)\cos\theta_P y_P + (F_{J2} - F_{J1})\cos\theta_J y_J = 0 \\
\sum M_y = 0 \quad & -Nx + (P_2 + P_1)\cos\theta_P x_P + (P_1 + P_2)\sin\theta_P h_2 + \\
& T\sin\theta_T h_7 + T\cos\theta_T x_T + (F_{J2} + F_{J1})\sin\theta_J h_1 = 0 \\
\sum M_z = 0 \quad & fNy + (P_1 - P_2)\sin\theta_P y_P + (F_{J1} - F_{J2})\sin\theta_J y_J = 0
\end{aligned}
\right\} \quad (4\text{-}2)
$$

式中　P_1,P_2——两个立柱工作阻力;

T——平衡千斤顶工作阻力;

F_{J1},F_{J2}——顶梁与掩护梁铰点工作阻力;

θ_P——立柱支承倾角;

θ_T——平衡千斤顶支承倾角;

θ_J——顶梁掩护梁作用夹角;

$(x_P,\pm y_P),(x_T,\pm y_T),(x_J,\pm y_J)$——立柱、平衡千斤顶、掩护梁与顶梁铰接点的上定位坐标。

展开式(4-2)并分别消去 T、P_1 及 P_2 即可得到 N 关于变量 x、y 的载荷平衡区分布方程:

$$N(T) = -\frac{n_4(P_1+P_2)+n_5 T}{n_6(m_1+m_2+m_3+m_4-n_4 x)} \tag{4-3}$$

$$N(P_1) = \frac{2n_4 y_P \big[(m_1+m_2+m_3+m_4)n_5 - (n_1+n_2+n_3)n_4\big]P_1}{-n_4 n_6 y_P(n_1+n_2+n_3-n_5 x)+\big[(n_1+n_2+n_3)n_4-(m_1+m_2+m_3+m_4)n_5\big]n_6 y} \tag{4-4}$$

$$N(P_2) = -\frac{2n_4 y_P \big[(m_1+m_2+m_3+m_4)n_5 - (n_1+n_2+n_3)n_4\big]P_2}{n_4 n_6 y_P(n_1+n_2+n_3-n_5 x)+\big[(n_1+n_2+n_3)n_4-(m_1+m_2+m_3+m_4)n_5\big]n_6 y} \tag{4-5}$$

式中,$m_1=(h_1-h_2)\sin\theta_J\sin\theta_P$,$m_3=fx_P\cos\theta_J\cos\theta_P$,$m_4=fh_2\cos\theta_J\sin\theta_P$,$m_2=-(x_P+fh_1+fh_2)\sin\theta_J\cos\theta_P$,$n_1=(h_1-h_7)\sin\theta_J\sin\theta_T$,$n_4=\sin(\theta_J-\theta_P)$,$n_2=-(fh_1+x_T)\sin\theta_J\cos\theta_T$,$n_3=f(h_7+x_T)\cos\theta_J\cos\theta_T$,$n_5=\sin(\theta_J-\theta_T)$。由第 3 章可知,液压支架平衡千斤顶的无杆腔及有杆腔结构可导致其产生不同的推拉作用力。因此,式(4-3)又可展开为式(4-6)。

$$\left.\begin{array}{l}N(T_+) = -\dfrac{n_4(P_1+P_2)+n_5 T_+}{n_6(m_1+m_2+m_3+m_4-n_4 x)} \\[3mm] N(T_-) = -\dfrac{n_4(P_1+P_2)+n_5 T_-}{n_6(m_1+m_2+m_3+m_4-n_4 x)}\end{array}\right\} \tag{4-6}$$

将液压支架结构参数代入式(4-4)至式(4-6),f 预取 0.3,并引入顶梁掩护梁铰接点弯矩角度修正[191],最终得到的液压支架顶梁载荷平衡区分布方程如式(4-7)所示。

$$\left.\begin{array}{l}N(T_+) = \left|\dfrac{3\ 250.7}{x-1.382\ 5}\right| \quad (1.382\ 5 < x \leqslant 4.77) \\[3mm] N(T_-) = \left|\dfrac{1\ 570.8}{x-1.382\ 5}\right| \quad (0 \leqslant x < 1.382\ 5) \\[3mm] N(P_2) = \left|\dfrac{88\ 704}{x+0.375\ 6y+2.403\ 2}\right| \quad (0 \leqslant x \leqslant 4.77, -0.8 \leqslant y \leqslant 0.8) \\[3mm] N(P_1) = \left|\dfrac{88\ 704}{x-0.375\ 6y+2.403\ 2}\right| \quad (0 \leqslant x \leqslant 4.77, -0.8 \leqslant y \leqslant 0.8)\end{array}\right\} \tag{4-7}$$

通过分析式(4-7)不难发现,液压支架顶梁极限平衡载荷沿长度方向呈先增大后减小的趋势(以 $x=1.382\ 5\ m$ 为渐进分界),沿宽度方向其极限平衡载荷呈对称分布。将液压支架结构参数代入式(4-7)并利用 MATLAB 对其循环计算,绘制出的液压支架载荷平衡区分布曲面如图 4-4 所示。

由图 4-4 可知:① 根据承受极限载荷平衡力的不同,液压支架顶梁沿长度方向可分为

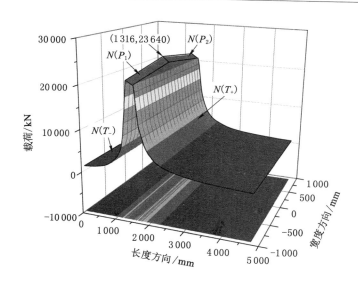

图 4-4 液压支架载荷平衡区分布曲面

平衡千斤顶主导区和立柱主导区（最优平衡区）两部分。平衡千斤顶主导区可以依据其提供载荷方向的差异进一步细分为推力作用区 $N(T_+)$ 和拉力作用区 $N(T_-)$。相应的，最优平衡区可进一步根据主承载立柱差异细分为 $N(P_1)$ 和 $N(P_2)$ 两部分。② 由于 ZY21000/38/82 型液压支架配备单颗平衡千斤顶，因此当不考虑掩护梁承载时，液压支架载荷平衡区沿顶梁宽度方向呈对称分布。③ 当外部载荷作用于平衡千斤顶主导区域时，顶梁在掩护梁与顶梁铰接点约束下产生低头、抬头趋势，从而在立柱及平衡千斤顶上产生较大的附加扭转力矩。这一附加扭转力矩促使平衡千斤顶快速达到极限工作阻力，从而使顶梁达到承载平衡载荷状态。④ 当外部载荷作用于立柱主导区域时，上述附加扭转力矩大幅减小，此时绝大部分外部载荷由立柱承担。显然，由于立柱工作阻力远大于平衡千斤顶工作阻力，立柱主导区的承载能力亦远超过平衡千斤顶主导区的。⑤ 当外载荷作用于顶梁中心位置时（$x=0$ 面，即外载荷对称分布），顶梁具有最佳的承载能力［在（1 316,0）处形成 23 640 kN 工作阻力］。基于此，4.3.2 节针对 $y=0$ 时（对称载荷条件下）液压支架顶梁载荷平衡区分布展开分析研究。

4.2.2 单区对称载荷条件下载荷平衡区分析

（1）定常工作位载荷平衡区分析

如 4.2.1 节所述，若忽略采空区冒落矸石对掩护梁产生的附加载荷，忽略液压支架立柱及平衡千斤顶的液压弹性变形，则当外部载荷呈对称分布时，单区承载条件下液压支架顶梁投影力学模型如图 4-5 所示[229]。在图 4-5 中，O 为液压支架顶梁与掩护梁铰接点，O' 为液压支架四连杆瞬心点，l_2 为瞬心点 O' 距 O 点水平距离，h_3、h_8 分别为 O 点距平衡千斤顶及立柱的距离，h_5、h_6 分别为瞬心点 O' 距立柱及顶梁上表面的距离。分析顶梁载荷平衡区分布特征有 2 种方案。

① 将顶梁视为单独受力体，构建考虑顶梁与掩护梁铰接力 F_J、立柱工作阻力 P 及平衡

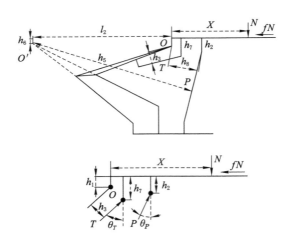

图 4-5 单区承载条件下液压支架顶梁投影力学模型

千斤顶调定压力 T 的顶梁力平衡及力矩平衡的数学模型,该模型如式(4-8)所示。

② 将顶梁、掩护梁视为分离受力体,构建仅考虑 P 及 T 的力矩平衡数学模型,该模型如式(4-9)所示。

$$\left.\begin{aligned}\sum F_x = 0 \quad & P\sin\theta_z + T\sin\theta_P + F_J\sin\theta_J - fN = 0 \\ \sum F_y = 0 \quad & P\cos\theta_z + T\cos\theta_P + F_J\cos\theta_J - N = 0 \\ \sum M_O = 0 \quad & Ph_8 + Th_3 + fNh_1 - NX = 0\end{aligned}\right\} \quad (4\text{-}8)$$

$$\left.\begin{aligned}\sum M_O = 0 \quad & Ph_8 + Th_3 + fNh_1 - NX = 0 \\ \sum M_{O'} = 0 \quad & Ph_5 + fNh_6 - N(X + l_2) = 0\end{aligned}\right\} \quad (4\text{-}9)$$

本节以第二种方案为例,展开式(4-9)并分别消去 P 和 T,最终得到的液压支架顶梁关于变量 X 的载荷平衡区分布方程如式(4-10)所示。

$$\left.\begin{aligned}N_P &= Ph_5/(X + l_2 - fh_6) \\ N_{T_+} &= -h_3 h_5 T_+ /(Xh_8 - Xh_5 + h_8 l_2 + fh_1 h_5 - fh_6 h_8) \\ N_{T_-} &= -h_3 h_5 T_- /(Xh_8 - Xh_5 + h_8 l_2 + fh_1 h_5 - fh_6 h_8) \\ X &= \frac{Ph_7(l_2 + fh_6) + h_3 T(l_2 - fh_6)}{(h_5 - h_7)P - h_3 T}\end{aligned}\right\} \quad (4\text{-}10)$$

将 ZY21000/38/82 型液压支架最大工作高度(8.2 m)的结构参数代入式(4-10),顶板对顶梁的摩擦系数取值为 0.3,取顶梁长度方向为 x 轴(每隔 2 mm 采点 1 次),利用 MATLAB 循环求解得到的单区对称载荷条件下液压支架顶梁载荷平衡区分布曲线如图 4-6 所示。

由图 4-6 可知(外载荷小于 0 的区域与正常使用工况相悖,通常不予考虑):① 极限载荷平衡曲线以 $X = -l_2 + fh_6$ 及 $X = (fh_6 h_8 - fh_1 h_5 - h_8 l_2)/(h_8 - h_5)$ 为渐进线呈双曲线型分布。相似的,沿顶梁长度方向,载荷平衡区分为两大区域:立柱主导区Ⅱ(最优承载区)及平衡千斤顶主导区Ⅰ(拉力作用区)和Ⅲ(推力作用区)。在区域Ⅰ(Ⅲ),平衡千斤顶杆腔(活塞腔)达到调定压力,此时 P 值对极限平衡载荷影响较小。在区域Ⅱ,平衡千斤顶由受拉转为外推,随着外载荷作用位置 X 的不断前移,极限平衡载荷呈近线性递减趋势。② 液压支架

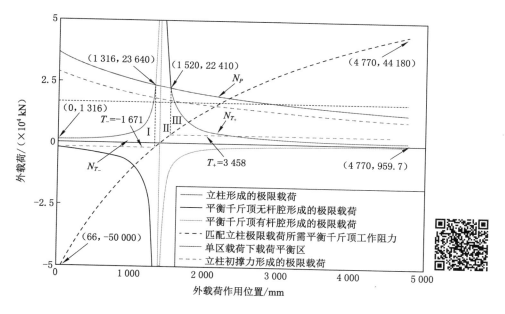

图 4-6 单区对称载荷条件下液压支架顶梁载荷平衡区分布曲线

梁端极限支承力极小(1 000~1 200 kN),远远达不到其初撑顶板的实际需求(16 546 kN)。当工作面顶板较为破碎时,液压支架在升架过程中极易形成顶梁前端或后端首先触顶的单区承载姿态(图 4-2)。此时,由于立柱升架力远大于梁端极限支承力,顶梁将绕立柱回转形成"高射炮"或低头位态,从而降低液压支架的支护稳定性。国外学者针对掩护式支架的"高射炮"现象,在其型式试验中顶梁与掩护梁铰接点处增加了单点加载要求,指出为使顶梁保持平衡须使 $P \geqslant 2T$。图 4-6 中匹配立柱极限载荷所需平衡千斤顶工作阻力曲线明确给出了为平衡立柱阻力在梁端单点加载形成的载荷,平衡千斤顶有杆腔及无杆腔调定压力需达到50 000 kN 和 44 240 kN。此时采用增加限位块等方式能有效提高液压支架承载能力,但显然难以满足立柱平衡需求。③ 立柱主导区最大极限平衡载荷为 23 640 kN,远大于液压支架立柱所能提供的 21 000 kN 工作阻力。其原因在于此时液压支架所承受的来自顶板的水平摩擦力(f 取 0.3)平衡了立柱及平衡千斤顶的水平分力,此时 F 及 T 的竖直分力与立柱支承方向相同(指向顶梁上方),故液压支架支护性能得以超常发挥。

(2)全高度范围载荷平衡区分析

将液压支架载荷平衡区概念引入全高度范围,分析液压支架平衡区分布沿高度变化的分布特征,则式(4-10)可转化为:

$$
\left.
\begin{aligned}
N_{Pi} &= \frac{Ph_{5i}}{X + l_{2i} - fh_{6i}} \\
N_{Ti+} &= \frac{-h_{3i}h_{5i}}{Xh_{7i} - Xh_{5i} + h_{8i}l_{2i} + fh_1 h_{5i} - fh_{6i}h_{8i}} \\
N_{Ti-} &= \frac{-h_{3i}h_{5i}}{Xh_{7i} - Xh_{5i} + h_{8i}l_{2i} + fh_1 h_{5i} - fh_{6i}h_{8i}} \\
X_i &= \frac{Ph_{7i}(l_{2i} + fh_{6i}) + h_{3i}T(l_{2i} - fh_{6i})}{(h_{5i} - h_{7i})P - h_{3i}T}
\end{aligned}
\right\}
\tag{4-11}
$$

定义液压支架高度方向为 y 轴，沿 y 轴每隔 110 mm 取样 1 次（计 41 个高度点）进行分析，其取样点 i 分布如图 4-7 所示。

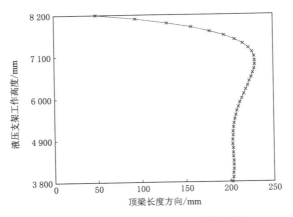

图 4-7　液压支架全高度范围取样点分布

分别将液压支架各工作位结构参数代入式(4-11)，利用 MATLAB 对式(4-11)进行循环求解($f=0.2$)，最终得到的液压支架全高度范围载荷平衡区分布如图 4-8 所示。图 4-8(a)中蓝色区域为平衡千斤顶主导区，红色区域为最优承载区(立柱主导区)。

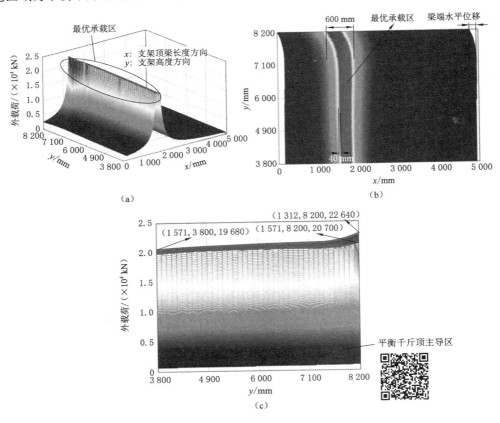

图 4-8　液压支架全高度范围载荷平衡区分布

由图 4-8 可知,当液压支架工作高度变化时,顶梁最优承载区范围基本不变,但随液压支架的位态降低,立柱垂向倾角逐渐减小,即液压支架有效支护率呈递减趋势,这与图 4-8(c)中最优承载区极限平衡载荷幅值小幅波动(22 640～19 680 kN)一致。与图 4-6 相比,由于摩擦因数 f 减小,顶梁所形成的极限载荷(1 272,8 200,22 640)亦减小,这一影响将在 4.2.3 节中展开分析。同时,随着液压支架的位态降低,最优承载区逐渐贴近煤壁(波动 600 mm),顶梁前端支顶力增大,从而提升液压支架端面顶板管理能力。

4.2.3　载荷平衡区影响因素分析

前文基于空间载荷对称/非对称假设建立了大采高液压支架单区承载定常工作位及全高度范围载荷平衡区分布方程,分析了两种工况下载荷平衡区分布规律。本节主要针对水平力、液压支架结构参数对载荷平衡区的影响展开分析。

（1）水平力

4.2.2 节中已经提及 $f=0.3$ 相比 $f=0.2$,液压支架载荷平衡能力得到有效提升。本节依据国标"GB 25974.1—2010 煤矿用液压支架"对顶板-顶梁摩擦因数 f 分别取 -0.2,0,0.2,0.3(当 $f>0$ 时,水平力指向采空区)以研究水平力对载荷平衡区分布的影响,其研究结果如图 4-9 所示。

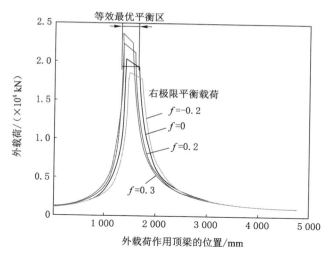

图 4-9　水平力对液压支架承载荷平衡区分布的影响

以 $f=0$ 时液压支架的最优平衡区最小值为基值,将 f 变化时高于该基值的区域视为等效最优平衡区。由图 4-9 可知,顶板水平力增加对等效最优平衡区覆盖范围(宽约为 250 mm)及梁端支承力基本无影响,但能大幅提高最优平衡区极限平衡载荷。其原因在于:① 在最优平衡区,外载荷主要由立柱承担,平衡千斤顶承载较小。当顶板对液压支架的水平力指向采空区并不断增大时,平衡千斤顶和顶梁与掩护梁铰点力随之增大以平衡该水平载荷,此时顶掩铰点的竖向支撑分力亦随之增大,从而间接提高了顶梁竖直方向承载能力(具体论证见 4.3 节数值模拟)。② 水平力促使载荷平衡区合力位置向顶梁尾端靠近,此时等效最优平衡区极限平衡载荷呈近线性增长趋势。

综上分析可知,若顶板对液压支架形成指向采空区的水平摩擦力,则不仅有利于维护端面顶板,降低底座前端比压及连杆附加力[14-15],同时能大幅提高等效最优平衡区的极限承载能力。

(2)平衡千斤顶及立柱工作阻力

由4.2.1至4.2.2节分析可知,平衡千斤顶在由受拉状态向外推状态过渡时能有效改善液压支架支撑合力作用位置。本节分别将平衡千斤顶工作阻力由3 458/−1 671 kN提至6 916/−3 342 kN,将立柱工作阻力由21 000 kN提至25 000 kN、28 000 kN[162, 171, 173]量化地讨论平衡千斤顶及立柱工作阻力对载荷平衡区分布的影响,结果如图4-10所示($f=$0)。平衡千斤顶及立柱工作阻力选取依据如下:① 如果放大倍数较小,则将导致计算结果与液压支架原载荷平衡区曲线差距较小,因而不利于在图中观察结果差异。② 立柱和平衡千斤顶工作阻力本身并非变量,其参数是依据井下顶板条件、配套装备等众多因素严格确定的,但为了探究二者对液压支架顶梁载荷平衡区分布的影响,本节将其处理为变量。

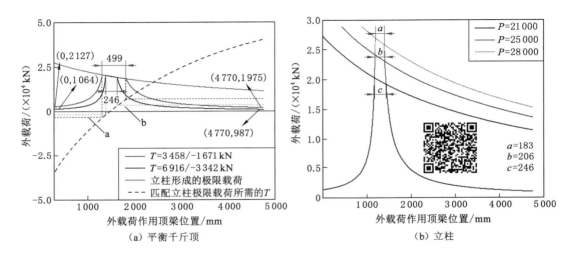

图4-10 平衡千斤顶及立柱工作阻力对载荷平衡区分布的影响

随着平衡千斤顶工作阻力的上升,液压支架载荷平衡区分布曲线如图4-10(a)所示,图中直线载荷a及b分别代表对应平衡千斤顶的额定拉、推力。由图4-10(a)可知,平衡千斤顶调定压力增大了一倍,顶梁最优平衡区范围向两端延伸,同时支架最优平衡区的合力峰值也得到明显改善(最优平衡区覆盖范围及极限平衡载荷基本呈等倍数增长)。显然,由于平衡千斤顶主导区远离立柱作用线区域,合理提高平衡千斤顶调定压力可明显提高最优平衡区范围及顶梁合力峰值,改善大采高液压支架单区承载条件下顶梁承载区的整体性能,提高支架顶梁对顶板载荷的适应性。

随着立柱工作阻力的上升,液压支架载荷平衡区分布曲线如图4-10(b)所示。由图4-10(b)可知,提高立柱工作阻力对顶梁梁端承载能力及最优平衡区范围(区域Ⅱ)基本无影响,但最优平衡区极限载荷呈等比增长。这是由于立柱主导区分布于立柱作用线附近,此时平衡千斤顶工作阻力富余,增加立柱的工作阻力可以提高平衡千斤顶工作阻力利用率,增大最优平衡区的合力峰值,增强液压支架抵抗冲击载荷的能力。

引入承载能力区理论以量化评估平衡千斤顶和立柱工作阻力对最优平衡区分布的影响。评估因子 r_1，r_2，r_3 如式(4-12)所示[159,229]。

$$\left.\begin{array}{l} r_1 = \dfrac{l_{ab}}{l_{\alpha}} \\[4mm] r_2 = \dfrac{\displaystyle\int_a^b F_{(k_1, N_P)}\,\mathrm{d}x}{\displaystyle\int_o^a F_{(k_1, N_{T_+})}\,\mathrm{d}x + \displaystyle\int_a^b F_{(k_1, N_P)}\,\mathrm{d}x + \displaystyle\int_b^c F_{(k_1, N_{T_-})}\,\mathrm{d}x} \\[8mm] r_3 = \dfrac{\displaystyle\int_o^c F_k\,\mathrm{d}x}{\displaystyle\int_o^c F_{k_1}\,\mathrm{d}x} \end{array}\right\} \tag{4-12}$$

式中　k——平衡千斤顶与立柱的工作阻力比(T/P)；

　　　k_1——液压支架现有工作阻力比($P=21\,000$ kN，$T=3\,458/1\,671$ kN)；

　　　r_1——最优平衡区覆盖范围占比；

　　　r_2——最优平衡区覆盖面积比；

　　　r_3——最优平衡区占能比。

平衡千斤顶及立柱工作阻力比对最优平衡区分布的影响评估如表 4-1 所示。

表 4-1　平衡千斤顶及立柱工作阻力比对最优平衡区分布的影响评估

设置的工作阻力	$k/\%$	$r_1/\%$	$r_2/\%$	r_3
$P=21\,000$ kN	16.46($T=3\,458$ kN)	5.16	25.41	1
	23.81($T=5\,000$ kN)	8.54	29.26	1.437 0
	32.93($T=6\,916$ kN)	11.6	32.16	1.766 8
$T=3\,458$ kN	15.39($P=25\,000$ kN)	4.32	21.23	1.003 7
	12.35($P=28\,000$ kN)	3.85	18.83	1.009 6

由表 4-1 可知，通过提高平衡千斤顶与立柱的工作阻力比，可大幅提升液压支架的力学特性及最优平衡区覆盖率，从而提高顶梁的适应性能。

（3）立柱及平衡千斤顶定位尺寸

平衡千斤顶及立柱的上、下定位尺寸均会影响液压支架的承载特性。分别讨论各参数变化对液压支架支撑特性的影响不仅繁琐，而且难以全面把握各参数对液压支架承载特性的影响。通过分析式(4-9)不难发现，两者定位尺寸的变化最终直接影响两组参数：平衡千斤顶到 O 的距离(h_3)及立柱到 O 与 O' 的距离(h_8、h_5)。图 4-11 所示为平衡千斤顶定位尺寸对最优平衡区分布的影响。由图 4-11 可知，增大 h_3 能同时提高最优平衡区极限平衡载荷及覆盖范围。

保持四连杆结构参数及平衡千斤顶位态不变，调节 h_5、h_7，得到的最优平衡区分布影响结果如图 4-12 所示。等比例增加两者数值（立柱平行右移），顶梁最优平衡区随立柱右移并逐渐贴近煤壁，最优平衡区极限平衡载荷（曲线 a）及覆盖范围基本无变化，初步猜测其原因在于 h_5、h_7 互成反作用。为明确这一作用，在小幅增大 h_7 的同时较大幅增加 h_5，结果如曲线 b 所示，立柱上铰接点右移使得支架承载能力呈下降趋势，从而证实了假设的合理性。

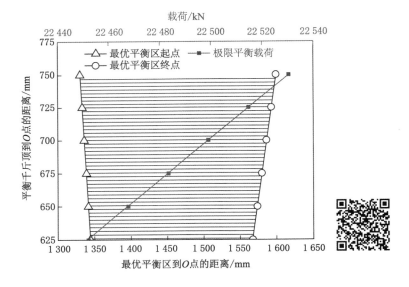

图 4-11   平衡千斤顶定位尺寸对最优平衡区分布的影响

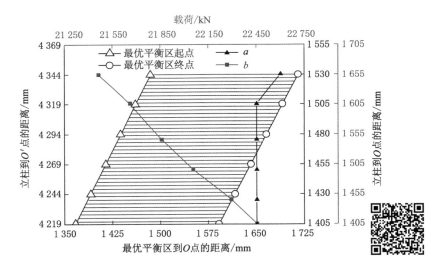

图 4-12   立柱定位尺寸对最优平衡区分布的影响

4.2.4   双区承载条件下载荷平衡区分析

前文分析了液压支架在单区承载条件下液压支架载荷平衡区分布特征,考虑均布载荷、多区分布集中载荷为液压支架的基本工况,本节分析液压支架在双区承载条件下的载荷平衡区分布特征。

当顶板处于较为完整的状态时,液压支架处于正常接顶姿态。但采煤机截割使顶底板起伏不平[88],顶梁与顶板难以始终保持面接触,往往呈现为以立柱作用线为界的多区点、线或面载荷接触。在不考虑顶梁偏载、扭转条件下,液压支架多区承载条件可转化为图 4-13 所示的

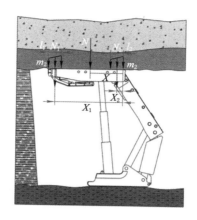

图 4-13　正常接顶条件下液压支架双区承载位态示意图

双区承载条件,其中 m_1 和 m_2 分别为作用于梁端的分布力,可等效为距 O 点分别为 X_1、X_2($X_1,X_2 \in \{\text{I},\text{III}\}$)的集中力 N_1、N_2。此时液压支架载荷平衡区模型可转化为[121, 231]:

$$
\left.
\begin{aligned}
N_1 &= \int_0^{l_1} m_1\,\mathrm{d}l \\
N_2 &= \int_0^{l_2} m_2\,\mathrm{d}l \\
\sum M_O &= Ph_8 + Th_3 + fNh_1 - (N_1X_1 + N_2X_2) = 0 \\
\sum M_{O'} &= Ph_5 + fNh_6 - N_1(X_1 + l_2) - N_2(X_2 + l_2) = 0
\end{aligned}
\right\}
\tag{4-13}
$$

单独分析式(4-13)难以直观地表征 N_1、N_2 间的数值关系,因此可引入协调方程式(4-14)以构建 N_1 与 N_2 的映射关系,这样就将该问题转化为式(4-15)所示,在单区承载特性曲线范围内寻找 $\max(N_1)$ 及 $\max(N_2)$ 的非线性 X 寻优问题。

$$
\left.
\begin{aligned}
N_1 + N_2 &= N \\
N_1X_1 + N_2X_2 &= NX
\end{aligned}
\right\}
\tag{4-14}
$$

$$
\left.
\begin{aligned}
\max(N_1) &= \frac{\max(NX) - \min(N_2X_2)}{X_1} \\
\max(N_2) &= \frac{\max[N(4770 - X)] - \min[N_1(4770 - X_1)]}{X_2}
\end{aligned}
\right\}
\tag{4-15}
$$

通过分析式(4-14)和式(4-15)不难发现 N_1、N_2 均为隶属于 N 的分段函数。当 $X \in \{\text{I},\text{III}\}$ 时,$\max(N_1)$ 及 $\max(N_2)$ 隶属于单区承载条件下平衡千斤顶主导区载荷曲线。当 $X \in \{\text{II}\}$ 时,$\max(N_1)$ 及 $\max(N_2)$ 由立柱主导区载荷曲线决定。

利用 MATLAB 对式(4-14)、式(4-15)进行循环求解,得到的双区承载条件下载荷平衡区分布曲线如图 4-14 所示($f=0$)。在图 4-14 中,曲线 a、b 为修正的双区承载条件下液压支架承载能力曲线$[\max(N_1)$、$\max(N_2)]$,曲线 c、d 为形成 $\max(N_1)$ 及 $\max(N_2)$ 所需的 $N_2^{\max(N_1)}$ 及 $N_1^{\max(N_2)}$。由图 4-14 可知,$N_1^{\max(N_2)}$(6 000 kN)及 $N_2^{\max(N_1)}$(12 543 kN)小于 $\max(N_1)$(6 667 kN),$\max(N_2)$(14 450 kN)。这说明计算结果合理可信。

综上所述,液压支架在双区承载条件下的梁端承载能力远大于其单区承载条件下的梁

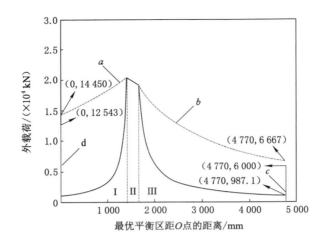

图 4-14　双区承载条件下液压支架载荷平衡区分布曲线($f=0$)

端承载能力。通过监测顶板状态,在液压支架上方顶板冒空区域可采用放置枕木、远场控制调整液压支架实时姿态等方式改善顶梁接顶状态,从而大幅提高液压支架的梁端承载能力。

4.3　数值模拟分析

4.2 节主要从理论角度分析了不同载荷条件下液压支架载荷平衡区分布特征及影响因素,本节基于第 3 章构建的液压支架刚柔耦合数值分析模型,对 4.2 节理论分析结果进行模拟分析。

4.3.1　单区承载模拟分析

本节旨在采用数值模拟分析方法验证液压支架在不同触顶姿态条件下的外载荷平衡能力,此时液压支架有效初撑力随其触顶姿态改变而变化,因此无法采用常规等效预载荷方式模拟液压支架立柱的初撑力,而应在顶梁上方进行单点加载,通过观察立柱及平衡千斤顶响应从而判定该点载荷平衡极限[229-230]。

基于此,在顶梁顶面选取 55 个点进行加载,载荷大小据 2.1 节($f=0.3$)计算结果预估并依据平衡千斤顶及立柱的响应结果进行修正(两者任何一个达到额定工作阻力,即认定液压支架达到承载极限)。单区加载位置如图 4-15 所示,以顶梁长度方向为 X 轴,宽度方向为 Y 轴,N 为垂向施加的顶梁载荷,fN 为对应载荷点水平摩擦力($fN=0.3\ N$),$\Delta W=400\ \text{mm}$,$\Delta L=500\ \text{mm}$。图中虚线左侧点群为额外的最优平衡区探测点(位置不定,以探测最优承载区边界),其数值模拟试验结果如图 4-16 所示。

图 4-16(a)是仅考虑液体压缩刚度时液压支架顶梁载荷平衡区分布图(平衡千斤顶视为拉压等刚度弹簧,其刚度基于有杆腔参数计算,详见第 3 章),图 4-16(b)为综合考虑多缸串联、缸体膨胀刚度及平衡千斤顶拉压变刚度时,液压支架顶梁载荷平衡区分布图。图 4-17(a)、图 4-17(b)分别为对应的平衡千斤顶响应曲面[230]。

由图 4-16 和图 4-17 可知:① 当外载荷沿顶梁宽度方向移动时,平衡千斤顶主导区承载能力基本无变化,最优承载区承载能力沿顶梁对称平面向两侧递减。② 当外载荷沿顶

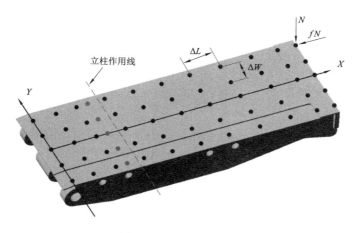

图 4-15　单区加载位置

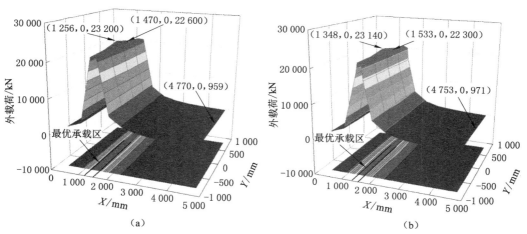

（a）　　　　　　　　　　　　（b）

图 4-16　液压支架顶梁载荷平衡区数值模拟试验结果

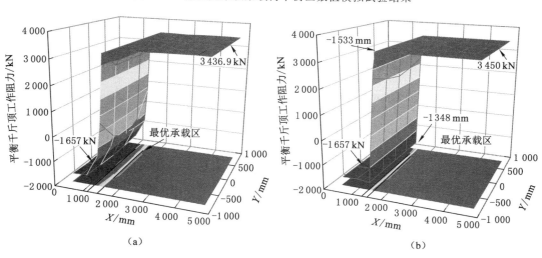

（a）　　　　　　　　　　　　（b）

图 4-17　平衡千斤顶响应曲面

长度方向由前至后移动时,平衡千斤顶由外推转为受拉,其承载状态变化与 4.2.1 节理论分析结果一致。③ 4.2.1 节中最优承载区理论计算结果[承载能力(23 640,22 410)、作用位置(1 316～1 528 mm)及覆盖范围(212 mm)]与本节数值模拟试验结果[承载能力(23 140,22 300)、作用位置(1 348～15 33 mm)及覆盖范围(205 mm)]基本一致(当对液压支架进行理论分析时,忽略了立柱及平衡千斤顶的液压弹性变形引起的液压支架受力状态变化,因此理论分析和数值模拟结果存在一定差异)。

对比图 4-16(a)与图 4-16(b)可知,采用所述方案(考虑液压支架刚度)与理论计算结果的拟合度更优(在立柱主导区效果尤为显著)。此原因在于液压支架在最高工作位作业时,其平衡千斤顶有杆腔及无杆腔有效液柱长度相差约 600 mm,此时采用液压支架有杆腔对平衡千斤顶刚度进行等效时,平衡千斤顶需压缩 35 mm 以达到额定受压工作阻力,而实际工作时平衡千斤顶无杆腔仅压缩 4.2 mm 即可达到额定受压工作阻力。因此采用液压支架有杆腔对平衡千斤顶刚度进行等效时,液压支架顶梁立柱主导区大幅左移,详见图 4-18。

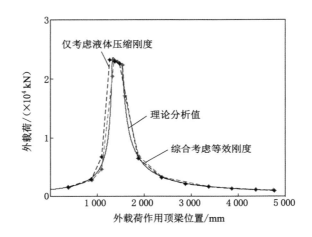

图 4-18　不同液压支架刚度对数值试验结果影响

4.3.2　载荷平衡区影响因素数值模拟试验

(1) 水平力

以顶梁任意 3 点为例($x=1\,383,3\,383,4\,753$),分别在该 3 个点处施加极限外载荷及不同水平摩擦力($f=-0.2,0,0.2,0.3$),得到的立柱、平衡千斤顶、掩护梁-顶梁铰接点 x 向力(指向采空区为正)及 y 向力(竖直向上为正)等参数动态响应如表 4-2 所示。表 4-2 中平衡千斤顶与立柱工作阻力未达到工作阻力时,采用"/"表示。

由表 4-2 可知,在平衡千斤顶主导区,随着指向采空区水平力的增大,掩护梁铰接点处竖直向上的分力逐渐降低,导致液压支架梁端承载能力呈下降趋势。在立柱主导区,随着指向采空区水平力的增大,立柱工作阻力承受载荷不断降低,平衡千斤顶逐渐由受拉转变为外推,其竖直向上的力(由负向力转变为正向力,主)逐渐增大,同时掩护梁铰接点处竖直向上的分力(由负向力转变为正向力,辅)亦逐渐增大,从而导致液压支架在立柱主导区的承载能力得到提高。

表 4-2　水平力变化时液压支架参数动态响应

水平摩擦力 f	载荷平衡区极限外载荷/kN	立柱工作阻力/kN	平衡千斤顶工作阻力/kN	铰接点 x 向力/kN	铰接点 y 向力/kN
−0.2	1 025	/	3 450	−1 220	1 890
0	1 000	/	3 450	−1 110	1 849
0.2	981	/	3 450	−1 010	1 793
0.3	971	/	3 450	−960	1 769
−0.2	1 780	/	3 450	−1 330	1 949
0	1 700	/	3 450	−1 140	1 859
0.2	1 665	/	3 450	−969	1 771
0.3	1 640	/	3 450	−889	1 334
0	20 500	10 500	/	3 209	921
0.2	21 850	10 500	/	−1 570	1 142
0.3	22 850	10 500	/	−2 659	1 361

（2）立柱及平衡千斤顶工作阻力

对 3.2 节图 3-10 及图 3-11 中液压支架立柱及平衡千斤顶刚度曲线的载荷值分别取一定增益（立柱取 25/21，即 P 变更为 25 000 kN，平衡千斤顶取 2/1，即 T 变更为 6 916/3 342 kN），并更新数值分析模型相应载荷位移特性，得到的液压支架刚度曲线如图 4-19 所示。图 4-20 所示为立柱/平衡千斤顶刚度改变时的数值模拟与理论分析结果对比[229]，由图 4-20 可知数值模拟结果与理论分析结果基本一致（受取点密度所限，拟合曲线存在一定偏差）。

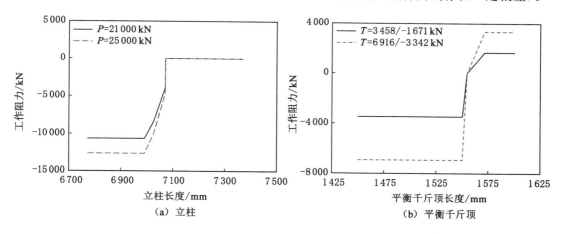

图 4-19　液压支架刚度曲线

（3）液压支架姿态

液压支架姿态变化会引起许多姿态参数的变化。例如，式（4-11）中 h_3、h_5、h_8、X 以及 O 点和 O' 点坐标都会在外载荷作用下产生较大偏移。因此，从理论角度线性、连续地分析液压支架姿态变化对其载荷平衡区的影响较困难。接下来采用上述数值模拟方法分析液压支架在给定工作高度条件下其姿态变化对液压支架承载能力的影响。

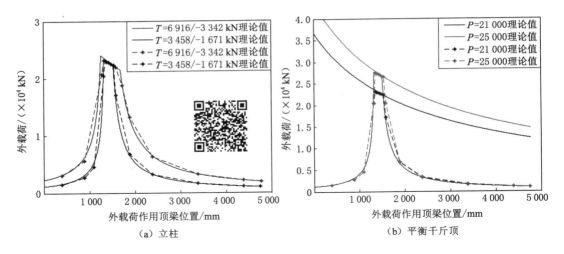

图 4-20　立柱及平衡千斤顶工作阻力对数值模拟的影响

取液压支架最大工作高度,在其顶梁前后端分别任取一点,分别取 $x=383$ mm 和 $x=4\,383$ mm 的点坐标对顶梁前端承载及后端承载进行数值模拟。依据前文数值模拟结果,分别施加比所取点极限承载载荷略大的外载荷促使顶梁产生抬头或低头趋势。如 $x=383$ mm 处的额定平衡载荷为 1 480 kN,本次模拟施加载荷为 1 495 kN,$x=4\,383$ mm 处的额定平衡载荷为 1 090 kN,本次模拟施加载荷为 1 100 kN。随后分别在不同时刻给顶梁施加滞后支护力,使外载荷达到极限平衡载荷,如在 $x=383$ mm 处,0~0.6 s 内施加外载荷 1 495 kN,随后分别在 0.8~0.9 s 内、0.9~1.0 s 内、1.0~1.1 s 内给顶梁施加反向支护力 15 kN。在 $x=4\,383$ mm 处,0~0.6 s 内施加外载荷 1 100 kN,随后分别在 1.7~1.8 s 内、1.8~2.0 s 内、2.2~2.3 s 内给顶梁施加反向支护力 10 kN,得到的立柱及顶梁角度变化结果如图 4-21 所示。

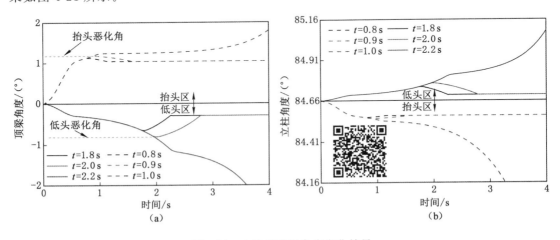

图 4-21　立柱及顶梁角度变化结果

由图 4-21 可知,在给定姿态下,液压支架的极限低头角/抬头角(低头恶化角/抬头恶化角)为 $-0.8°/1.2°$。若在液压支架顶梁到达恶化角前,将外载荷控制在极限平衡范围内,液压支架仍可依靠平衡千斤顶进行姿态自适应调节(t=0.8 s,0.9 s,1.8 s,2.0 s)。若液压支架顶梁达到恶化角,此时即便将外载荷控制在极限平衡范围,液压支架承载姿态仍将继续恶化。

综上所述,液压支架存在一定抵抗姿态变形的能力,在此范围内,当液压支架顶梁产生不良姿态后,平衡千斤顶仍可将液压支架姿态控制在合理范围;超出此范围后,液压支架的不良姿态将迅速降低液压支架的承载能力,导致液压支架支护失效。

4.3.3　双区承载模拟分析

当考虑外载荷沿支架宽度方向移动时,平衡千斤顶工作阻力变化较小,将载荷施加位置变更为图 4-22 所示位置,外载荷 N_1、N_2 仍依理论计算结果预估并依据平衡千斤顶及立柱响应特征进行修正。图 4-23(a)、图 4-23(b)所示分别为未考虑及考虑平衡千斤顶溢流状态时双区承载条件下液压支架载荷平衡区数值模拟结果,即双区承载条件下液压支架顶梁承载能力曲线。由图 4-23 可知,模拟结果能较好地对应理论分析结果,即双区承载条件下液压支架梁端承载能力会得到大幅提升。

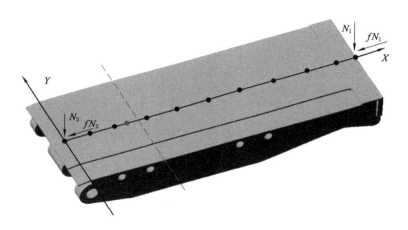

图 4-22　液压支架双区承载条件下载荷加载位置

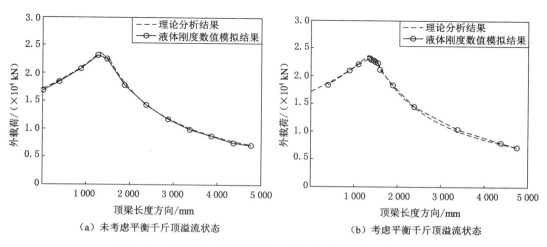

（a）未考虑平衡千斤顶溢流状态　　　　（b）考虑平衡千斤顶溢流状态

图 4-23　双区承载条件下液压支架载荷平衡区数值模拟结果

5 特大采高液压支架姿态监控技术研究

由第 4 章分析结果可知,液压支架的支护性能不仅取决于液压支架立柱设计性能,同时受液压支架支护姿态影响。因此,研究液压支架的姿态监控技术不仅有利于解决液压支架的虚拟监控问题,同时能辅助完成液压支架支护状态的实时评估及危险位姿预警等。基于此,本章以特大采高液压支架多采用的掩护式架型为例,在确定掩护式液压支架姿态参数及姿态决策参数基础上,建立了基于二维空间变量的液压支架姿态监测模型及基于一维空间变量的液压支架姿态控制模型,研究了液压支架非线性姿态监测方程组的高速、高精度求解策略。基于提出的液压支架姿态监测方法及求解策略,开发了液压支架姿态监控软件,搭建了液压支架调姿试验台,从而验证了所提出的液压支架姿态监测方案的合理有效性。

5.1 液压支架-顶板耦合姿态分析

液压支架在井下开采中的主要作用是为工作面采运装备提供安全作业空间,防止工作面顶底板在采煤机等装备作业过程中出现较大的位移。为此,液压支架应在采煤机截割完煤壁后尽快完成降柱移架-升柱支护动作,以减少空顶时间,减小顶底板移近量。然而,由于井下煤层赋存条件复杂多变,煤层夹矸、混岩、顶底板坚硬难切现象时有发生,采煤机截割后的顶底板通常起伏不平[88]。此时,液压支架的自由升架行为将耗费操作人员大量时间以适应倾斜顶板,从而极大地降低了工作面顶板支护效率。由第 2、3、4 章分析可知,相较薄煤层开采及中厚煤层开采,特大采高工作面矿压显现更剧烈,且顶底板移近量在空顶期内呈增大趋势,同时液压支架自由升架距更长,因而特大采高液压支架需要以更快的动作速度进行升降架以及姿态调整,进而实现工作面的安全高效支护。研究液压支架姿态控制技术能辅助液压支架快速调整至目标姿态,从而实现工作面的高效智能支护。

液压支架是典型的被动支承装备,其承载能力不仅仅局限于立柱及平衡千斤顶的额定工作阻力,同时取决于液压支架的支护姿态。图 5-1 所示为液压支架三种基本支护姿态:低头式、水平式及抬头式("高射炮"姿态)[229]。通常情况下,当液压支架处于水平耦合位姿状态时(顶梁与底座平行),其力学性能及支护强度利用率达到最优,称为最优围岩-液压支架耦合位姿。然而由于基本顶的绝对沉降以及液压支架的支护自适应性使液压支架通常处于非水平耦合位姿状态(顶梁与底座夹角不等于零),且一旦液压支架形成非正常支护姿态,其承载能力会急速下降,进而恶化液压支架承载姿态,陷入恶性循环。当顶梁倾角超出最大许可时,则平衡千斤顶就会拉出失效(形成刚性机构),进而降低液压支架的有效支护强度及支护稳定性,从而最终造成综采工作面顶板的支护失效。在大采高工作面开采中,由于一次性采出煤壁厚度更大,直接顶的垮落难以对采空区进行充分充填(超大活动空间),基本顶断裂前为形成稳定的触矸承载结构,其顶板悬垂长度及旋转角度更大,进而使液压支架产生更强的挤压载荷,并使其更容易形成高射炮等不良支护姿态。此时,需要人工辅助调整液压支架的支护位态,以在保持液压支架工作可靠性的同时有效完成顶板支护任务。

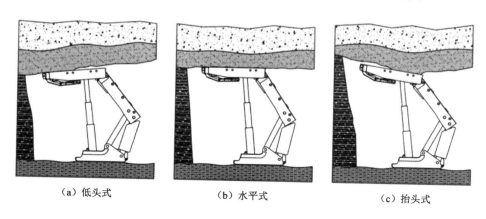

（a）低头式　　　（b）水平式　　　（c）抬头式

图 5-1　液压支架三种基本支护姿态

在智能化开采方面,工作面智能调直技术是实现液压支架智能跟机的难点,也是实现综采工作面智能化、机械化的关键。液压支架作为推溜过程中刮板输送机的推移基点,其架群直线度直接决定了刮板输送机的推移姿态,进而决定了采煤机的截割轨迹。目前国内解决工作面智能调直问题的关键手段之一即邻架相对定位技术,该技术在单台液压支架位姿信息感知的基础上考虑液压支架群的位姿监测,进而实现工作面“三机”互约束相对定位。因此,在智能采煤过程中,液压支架位姿信息智能感知及调控是建立工作面“三机”互约束集合的关键,是实现工作面智能化支护和开采的基础。

综上,对液压支架的姿态监测与控制的研究旨在解决以下两方面问题:① 在升架期间辅助液压支架快速升架、调整顶梁姿态,实现其对倾斜顶板的智能、高效贴合,进而实现工作面的快速初撑,减小降低液压支架在降-移-支时期的顶底板移近量;② 实时监测液压支架支护姿态,辅助完成液压支架的远程虚拟姿态监测,防止其因处于不良支护位态而失效破坏。

5.2　液压支架姿态监测模型

5.2.1　掩护式液压支架自由度分析

为构建液压支架姿态监测及控制模型,应首先分析液压支架自由度,确定液压支架姿态参数及决策参数。本节以大采高液压支架通常采用的掩护式架型为例展开分析,其杆系侧面投影如图 5-2 所示。液压支架中立柱及平衡千斤顶为液压支架的驱动机构,顶梁、掩护梁、四连杆机构为从动机构。从并联机构角度出发,掩护式液压支架系统自由度可由 $G\text{-}K$ 公式算得[232-233]:

$$M = (6-\lambda)(n-g-1) + \sum_{i=1}^{g} f_i - \upsilon - q \qquad (5\text{-}1)$$

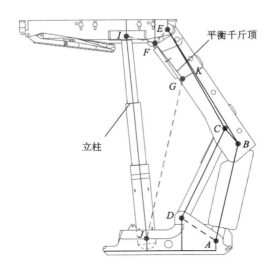

图 5-2 掩护式液压支架杆系侧面投影图

式中 M——系统自由度；

λ——系统的公共约束；

n——系统元件数；

g——运动副数目；

f_i——第 i 个运动副的相对自由度；

υ——系统冗余约束；

q——系统局部自由度。

图 5-2 所示掩护式液压支架系统中，$\lambda=3,n=10,g=12,\upsilon=0,q=1,f_i=12$，则其自由度为：

$$M=(6-3)\times(10-12-1)+12-0-1=2 \tag{5-2}$$

液压支架存在 2 个机构自由度，即为实现对液压支架姿态的监测及控制，需要至少对液压支架两个构件的姿态参数（包括姿态决策参数）进行监测。考虑液压支架姿态的控制需求，本次选取液压支架的驱动件立柱及平衡千斤顶作为液压支架的姿态决策参数及受控参数（当且仅当以驱动件作为姿态决策参数时才能对液压支架姿态进行有效控制）。同时为实现液压支架姿态控制，需要至少对液压支架两个构件的姿态参数（即目标姿态参数）进行监测预判，以反演监测构件的姿态决策参数。考虑工作面的支护需求，选取顶梁倾角及后连杆角度作为目标姿态参数：

① 监测立柱及平衡千斤顶长度，解算液压支架实时姿态参数。

② 监测预判液压支架目标姿态参数，反演并控制立柱及平衡千斤项目标姿态。

5.2.2 液压支架姿态监测模型

为建立支架的姿态监测数学模型，应首先建立适当简化的力学模型。本部分基于以下假设构建液压支架数学模型：

① 忽略了液压支架装配误差对液压支架动作误差的影响[177,218]。

② 将液压支架视为刚性体,忽略液压支架的微变形。

基于 5.2 节,在构建液压支架姿态监测模型时将立柱及平衡千斤顶长度视为自变量,将顶梁及后连杆角度视为因变量。图 5-3 所示为液压支架的骨架模型。图 5-3 中 $l_1 \sim l_9$ 分别为对应结构件长度(如 l_1 代表 AB 杆长度,皆为已知量),l_z 和 l_q 分别为液压支架立柱及平衡千斤顶长度(位姿决策参数-自变量),$\theta_0 \sim \theta_{11}$ 分别为液压支架各构件对应的角度(除已知的结构常量 θ_2、θ_5 及 θ_{10} 外,其余均为目标姿态变量),ε 为顶梁与底座的相对夹角(目标姿态变量),$h_1 \sim h_6$ 分别为对应结构件长度(如 h_1 代表 A 点垂向底座的距离,属已知量),H' 为用户自定义输入的高度(根据用户需求,该高度可指向立柱上铰接点与底座的垂向高度,属液压支架等效目标姿态参数之一)。

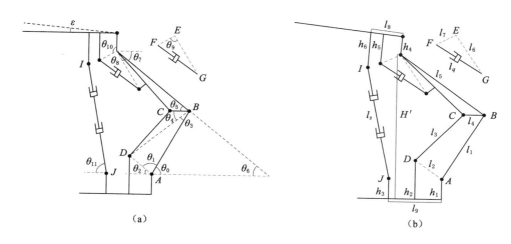

图 5-3　液压支架的骨架模型

此时液压支架姿态矢量环 **JABEI** 及 **FEG** 可表达为:

$$l_z = h_3 + l_9 + h_1 + l_1 + l_5 + h_4 + l_8 + h_6 \tag{5-3}$$

$$l_q = l_6 + l_7 \tag{5-4}$$

展开矢量方程(5-3),得到以立柱长度为目标量的标量方程如式(5-5)所示。

$$\left.\begin{array}{l} l_{zx} = l_9 + l_1 \cos\theta_0 - l_5 \cos\theta_7 + h_4 \sin\varepsilon - l_8 \cos\varepsilon + h_6 \sin\varepsilon \\ l_{zy} = h_1 + l_1 \sin\theta_0 + l_5 \sin\theta_7 + h_4 \cos\varepsilon + l_8 \sin\varepsilon - h_3 - h_6 \cos\varepsilon \end{array}\right\} \tag{5-5}$$

展开矢量方程(5-4),得到以平衡千斤顶长度为目标量的标量方程如式(5-6)所示。

$$l_6^2 + l_7^2 - l_q^2 = 2l_6 l_7 \cos\theta_9 \tag{5-6}$$

式(5-5)至式(5-6)包含 l_{zx}、l_{zy}、l_q、θ_0 及 ε 五个未知量,为此引入协调变形方程[式(5-7)至式(5-8)]:

$$l_z = \sqrt{l_{zx}^2 + l_{zy}^2} \tag{5-7}$$

$$\varepsilon = \theta_7 + \theta_8 + \theta_9 + \theta_{10} - 3\pi/2 \tag{5-8}$$

式中,$\theta_3 = \arccos\left\{ \left[2l_1^2 + 2l_1 l_2 \cos(\theta_0 + \theta_2)\right] / \left(2l_1 \sqrt{(l_1^2 + l_2^2 - 2l_1 l_2 \cos\theta_1)}\right) \right\}$,$\theta_6 = \theta_7 = \theta_3 + \theta_4 + \theta_5 - \theta_0$,$\theta_4 = \arccos\left\{ \left[l_1^2 + l_2^2 - l_3^2 + l_4^2 + 2l_1 l_2 \cos(\theta_0 + \theta_2)\right] / \left(2l_4 \sqrt{\lambda_3}\right) \right\}$,$\lambda_3 = l_1^2 + l_2^2 - 2l_1 l_2 \cos\theta_1$,

$$\theta_1 = \pi - \theta_1 - \theta_2, \theta_3 = \arccos\left(\frac{l_1^2 + z^2 - l_2^2}{2l_1 z}\right), \theta_4 = \arccos\left(\frac{l_4^2 + z^2 - l_3^2}{2l_4 z}\right), z = (l_1^2 + l_2^2 - 2l_1 l_2 \cdot$$

$$\cos\theta_1)^{1/2}, \theta_9 = \arccos\left(\frac{l_6^2 + l_7^2 - l_q^2}{2l_6 l_7}\right), \theta_{11} = \arcsin\frac{l_{zx}}{l_z}.$$

$$
\begin{bmatrix}
\varepsilon \\
\theta_0 \\
\theta_1 \\
\theta_2 \\
\theta_3 \\
\theta_4 \\
\theta_5 \\
\theta_6 \\
\theta_7 \\
\theta_9 \\
\theta_{10} \\
\sin\theta_{11}
\end{bmatrix}
=
\begin{bmatrix}
0 & 0 & 0 & 0 & 0 & 0 & 0 & 0 & 0 & 0 & 0 \\
1 & 0 & 0 & 0 & 0 & 0 & 0 & 0 & 0 & 0 & 0 \\
-1 & 0 & -1 & 0 & 0 & 0 & 0 & 0 & 0 & 0 & 0 \\
0 & 0 & 1 & 0 & 0 & 0 & 0 & 0 & 0 & 0 & 0 \\
0 & 0 & 0 & 0 & 0 & 0 & 0 & 0 & 0 & 0 & 0 \\
0 & 0 & 0 & 0 & 0 & 0 & 0 & 0 & 0 & 0 & 0 \\
0 & 0 & 0 & 0 & 1 & 0 & 0 & 0 & 0 & 0 & 0 \\
-1 & 0 & 0 & 1 & 1 & 1 & 0 & 0 & 0 & 0 & 0 \\
0 & 0 & 0 & 0 & 0 & 0 & 1 & 0 & 0 & 0 & 0 \\
1 & 0 & 0 & -1 & -1 & -1 & 0 & 0 & 0 & 0 & 0 \\
0 & 0 & 0 & 0 & 0 & 0 & 0 & 0 & 0 & 0 & 1 \\
\dfrac{l_1}{l_z} & 0 & 0 & 0 & 0 & 0 & \dfrac{l_5}{l_z} & 0 & 0 & 0 & 0
\end{bmatrix}
\begin{bmatrix}
\theta_0 \\
\theta_1 \\
\theta_2 \\
\theta_3 \\
\theta_4 \\
\theta_5 \\
\theta_6 \\
\theta_7 \\
\theta_8 \\
\theta_9 \\
\theta_{10}
\end{bmatrix}
+
$$

$$
\begin{bmatrix}
\varepsilon \\
0 \\
\pi \\
0 \\
\arccos\dfrac{l_1^2 + z^2 - l_2^2}{2l_1 z} \\
\arccos\dfrac{l_4^2 + z^2 - l_3^2}{2l_4 z} \\
0 \\
0 \\
0 \\
\dfrac{3}{2}\pi \\
0 \\
\arccos\dfrac{l_{zx}}{l_z}
\end{bmatrix}
\tag{5-9}
$$

式(5-5)至式(5-8)为包含 5 个未知量(θ_0、ε、l_{zx}、l_{zy} 及 l_q)的非线性方程组(超越方程组)[178],若将式(5-5)、式(5-6)分别代入式(5-7)及式(5-8),则得到包含两个未知量 θ_0 及 ε 的二维非线性方程组(θ_0 及 ε 具体解析过程由 5.4 节给出)。则此时液压支架的全姿态参数(变量角)可由式(5-9)计算得出。

式(5-9)中,θ_2、θ_5、θ_7、θ_8、θ_{10} 为液压支架固有姿态参数,θ_0、θ_1、θ_3、θ_4、θ_6、θ_9、θ_{11} 为液压支架目标姿态参数。

5.3 基于 TLBO 算法的液压支架姿态监测模型解算

液压支架的姿态不仅对解算精度具有较高要求且具有典型的时空效应,因此可将液压支架姿态监测问题转化为在限定时间、限定范围内由式(5-5)至式(5-8)约束的二维空间变量解集寻优问题。

随着计算机性能及数值算法的不断更新,许多智能算法如遗传算法、布谷鸟搜索算法、TLBO 算法和差分进化算法等已经被用于求解非线性方程组最优解问题,例如求解四连杆机构的优化设计[176-178]、平面机构的轨迹优化[235-237]以及机器人的运动学分析[238-239]等问题。

TLBO 算法是 Rao 等于 2010 年提出的一种基于群智能优化的元启发式算法(随机搜索加局部搜索),与布谷鸟搜索算法(1 个用户变量)、遗传算法(2 个用户变量)、差分进化算法(2 个用户变量)等相比,TLBO 算法具有无用户变量、不依赖求解初值、收敛速度更快且收敛一致性强等优点,很好满足了液压支架姿态解算的高速、高精度需求[240-242]。因此在本部分研究中,选用 TLBO 算法对液压支架非线性姿态监测方程组进行解算。

5.3.1 TLBO 算法及其改进算法

(1) TLBO 算法

TLBO 算法的基本理念来源于教师与学生之间的教学互动关系:拟定一个班级群体,将表现最优的学生个体定义为教师,而其他个体定义为学生。相应地,TLBO 算法的寻优过程主要包含两个阶段:教习阶段(教师阶段)和自学阶段(学生阶段)[243]。

① 教习阶段:在这一阶段,学生通过教师获取知识以提高自我水平。班级的优劣取决于学生的平均素质。一个好的教师会根据其自身水平尽最大可能提升班级学生的科目平均水平(提升效果不仅取决于教师水平,同时还取决于学生捕捉教师知识的能力)。以 n 维寻优问题为例,n 即学科数目(空间变量维数)。假定班级学生规模为 m(种群数),A 为班级同学单学科的平均水平(目标优化方程组的概率解析),T 为教师的学科最优水平,F 为学生的水平。则学生水平在教习阶段的不断更新解析可表达为:

$$F_{i,j}^{\text{new}} = F_{i,j}^{\text{old}} + r_j(T_j - T_F A_j) \tag{5-10}$$

式中,i 为学生编号(取值 $1,2,3,\cdots,m$),j 为科目编号(取值 $1,2,3,\cdots,n$)。r_j 为均布随机步进因子(通常取 $0\sim1$,由数值软件随机生成,如 MATLAB 中 $r_j=$ randi,取 $0\sim1$),T_F 为教学因子(通常取 $1\sim2$,由数值软件随机生成),则 $F_{i,j}$ 代表编号为 i 的学生第 j 门科目的水平。

② 自学阶段:在这一阶段,学生通过相互沟通获取知识以提高自我水平。如知识水平为 $F_{i,j}$ 的学生,随机选择知识水平为 $F_{k,j}$ 的学生进行交互,水平较高的学生会将自己的知识传授给水平较低的学生。此时这一自学阶段可表示为:

若 $f(F_{i,j}^{\text{old}}) < f(F_{k,j}^{\text{old}})$,则:

$$F_{i,j}^{\text{new}} = F_{i,j}^{\text{old}} + r_j(F_{k,j}^{\text{old}} - T_F F_{i,j}^{\text{old}}) \quad i \neq k \tag{5-11}$$

否则:

$$F_{i,j}^{\text{new}} = F_{i,j}^{\text{old}} + r_j(F_{i,j}^{\text{old}} - T_F F_{k,j}^{\text{old}}) \quad i \neq k \tag{5-12}$$

(2) 改进的 TLBO 算法

由式(5-11)及式(5-12)可知,影响 TLBO 收敛速度的关键参数为教学因子 T_F。在

TLBO算法求解过程中，T_F 越大，则其搜索频次越快，但同时限制了算法自身的全局寻优能力，从而更易于陷入局部最优解。在 TLBO 算法中，T_F 从迭代之初到迭代结束皆由数值软件随机生成，导致教学过程易出现较大的随机性并拖累算法收敛速度。针对此，本部分提出了 3 种改进 T_F 收敛策略的算法，并对液压支架姿态解算速度及解算精度进行了对比论证。

① QS_TLBO 改进算法

QS_TLBO 的基本理念即使 T_F 随迭代次数增加而递减，即随算法迭代次数的增加，算法搜寻速度逐渐递减。此时，T_F 修正公式如式(5-13)所示：

$$T_F = 2 - I_{i,t}/I_{\max} \quad (1 \leqslant T_F < 2) \tag{5-13}$$

式中 $I_{i,t}$——当前算法迭代次数；

       $I_{\max}$——最高迭代次数。

② SQ_TLBO 改进算法

SQ_TLBO 的基本理念即使 T_F 随迭代次数增加而增加，即随算法迭代次数的增加，算法搜寻速度逐渐递增。此时，T_F 修正公式如式(5-14)所示：

$$T_F = 1 + I_{i,t}/I_{\max} \quad (1 \leqslant T_F < 2) \tag{5-14}$$

③ MTLBO 改进算法

根据 Tanher[244] 及 Rao 等[245] 提出的教学因子收敛理论，T_F 应取决于当前迭代循环内学生的平均水平及最优表现水平。则此时 T_F 修正如式(5-15)所示：

$$T_{F_{i,j}^{I_k}} = M_{m,j}^{I_k}/T_{m,j}^{I_k} \tag{5-15}$$

式中 $M_{m,j}^{I_k}$——第 k 次迭代时学生平均水平；

       $T_{m,j}^{I_k}$——第 k 次迭代时学生最优表现水平。

此时，将 T_F 转化成的 n 维向量如式(5-16)所示：

$$T_F = \begin{bmatrix} T_{F_{m,1}^{I_1}} & \cdots & T_{F_{m,k}^{I_k}} & \cdots & T_{F_{m,j}^{I_{\max}}} \end{bmatrix} \tag{5-16}$$

将式(5-16)代入式(5-10)就可得到 MTLBO 算法的 T_F 修正公式：

$$F_{i,j}^{\text{new}} = F_{i,j}^{\text{old}} + r_j(T_j - \begin{bmatrix} T_{F_{m,1}^{I_1}} & \cdots & T_{F_{m,k}^{I_k}} & \cdots & T_{F_{m,j}^{I_{\max}}} \end{bmatrix} \begin{bmatrix} A_{m,1} & \cdots & A_{m,j} \end{bmatrix}^{\text{T}}) \tag{5-17}$$

综上分析可知，QS_TLBO 算法、SQ_TLBO 算法及 MTLBO 算法与经典 TLBO 算法相比，仅依据不同收敛思想修正了教学因子 T_F，四种算法的基本流程均可由图 5-4 表示，其具体流程包括 4 步。

① 初始化阶段：根据混合分配规则随机生成班级人群(选取 35 人)，并定义适应度最优的学生个体为教师。

② 教习阶段：计算 A_j、r_j 以及 T_F，将每个学生成绩重复代入式(5-10)。若 $F_{i,j}^{\text{new}}$ 表现优于 $F_{i,j}^{\text{old}}$，则令 $F_{i,j}^{\text{new}} = F_{i,j}^{\text{old}}$，否则 $F_{i,j}^{\text{old}}$ 保持不变。

③ 自学阶段：对每一个学生，随机选取其同学进行交流[重复式(5-11)及式(5-12)]。$F_{i,j}^{\text{new}}$ 定义如第 2 步。

④ 判断是否达到终止条件(迭代极限或达到目标精度)，若是，则输出目标最优解，否则重复步骤②~④。

5.3.2 TLBO 算法及其改进算法分析

(1) TLBO 算法及其改进算法对比分析

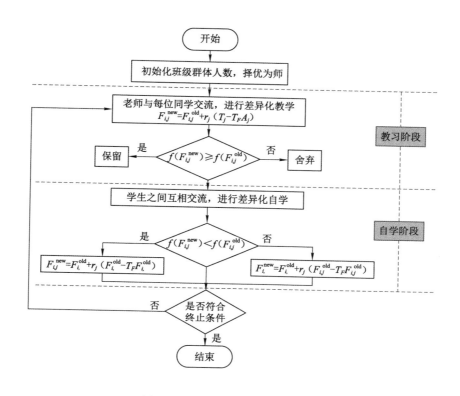

图 5-4　TLBO 算法的基本流程

　　本部分以 ZY21000/38/82 型大采高液压支架为例,选其任一姿态作为输入常数(选定液压支架输入姿态参数,如立柱长度为 3 762.25 mm,平衡千斤顶长度为 1 917.58 mm,此时液压支架理想输出姿态参数 θ_0 为 43.10°,ε 为 -4.28°),对 TLBO 算法及其改进算法的解算性能进行对比分析。

　　分析 5.1 节液压支架姿态监测模型,将式(5-7)至式(5-8)转化为式(5-18)所示的二维空间变量解集寻优模型(其中后连杆自由旋转角度为 36.68°~80°,假定顶梁俯仰角度均为 20°)。

$$\left.\begin{array}{l} f_1(\theta_0,\varepsilon)=\min\left|l_z-\sqrt{l_{zx}^2+l_{zy}^2}\right| \quad (36.68°\leqslant\theta_0\leqslant80°) \\ f_2(\theta_0,\varepsilon)=\min\left|\varepsilon-(\theta_7+\theta_8+\theta_9+\theta_{10}-3\pi/2)\right| \quad (-20\leqslant\varepsilon\leqslant20) \end{array}\right\} \quad (5\text{-}18)$$

　　定义的适应度函数如式(5-19)所示:

$$F_f=\left(g_{\text{gain}}\times\left|l_z-\sqrt{l_{zx}^2+l_{zy}^2}\right|+k_{\text{gain}}\times\left|\varepsilon-(\theta_7+\theta_8+\theta_9+\theta_{10})-3\pi/2\right|\right)\Big/\sum\Delta \quad (5\text{-}19)$$

$$\sum\Delta=\left|l_z\right|+\left|\theta_7+\theta_8+\theta_9+\theta_{10}-3\pi/2\right|$$

式中　k_{gain}——ε 误差增益权重,本节预取 100;

　　　　g_{gain}——θ_0 误差增益权重,本节预取 1[误差增益权重取值对解算精度的影响分析见本节第(2)部分]。

　　初始阶段,设置班级同学 35 人(种群),极限迭代 60 次。将式(5-18)及式(5-19)分别代入所述 TLBO 算法及其改进算法解算 10 次,并加入 tic 语句对算法运行时间进行统计,得到的结果如图 5-5 所示。

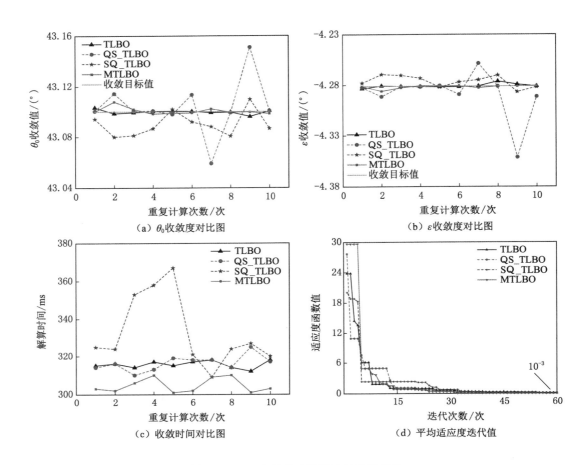

图 5-5　TLBO 及其改进算法的性能评价

从非线性液压支架监测模型解算角度出发,评价所述解算策略的指标主要有 3 个:解算精度、解算稳定性(收敛一致性)以及解算速度。由图 5-5(d)可知,QS_TLBO(SQ_TLBO)算法相对基础 TLBO 算法前期收敛较快(较慢),但在迭代 20 次后其收敛速度相对降低(提高)。相比之下,MTLBO 算法收敛速度随迭代后学生的实际表现而改变,因此未表现出明确的收敛平台期。即上述 3 种算法收敛表现符合各算法开发初衷。

对比图 5-5(a)至图 5-5(b)可知,4 种算法迭代精度及迭代一致性均较好(误差均小于 1%),而 TLBO 算法及 MTLBO 算法相对 QS_TLBO 及 SQ_TLBO 算法稳定性更优(误差小于 1‰)。由图 5-5(c)可知,MTLBO 算法相对其余 3 种算法解算速度有明显提升(10～20 ms)。交叉对比图 5-5(a)至图 5-5(c)不难发现,θ_0 值与 ε 值(ε 值经 k_{gain} 放大 100 倍,其跳动对目标函数值影响仍远低于 1e−5)变化趋势呈负相关。各算法收敛值越趋近理想值,其迭代所需时间越长。

综上所述,MTLBO 算法相对其 3 种算法收敛精度更高,稳定性更好,同时达到相同精度耗时也最少。因此,后续研究工作拟以 MTLBO 算法对液压支架非线性姿态监控方程组进行解算。

（2）适应度函数权重影响分析

根据式（5-18）,MTLBO 算法的适应度函数可书写为:

$$F_f = (g_{gain} \times \left| l_z - \sqrt{l_{zr}^2 + l_{zy}^2} \right| + k_{gain} \times \left| \varepsilon - (\theta_7 + \theta_8 + \theta_9 + \theta_{10}) - 3\pi/2 \right|) / \sum \Delta \quad (5\text{-}20)$$

由第（1）节可知,θ_0 阈值空间远大于 ε,即其值跳动对目标函数值影响更敏感。因此本部分预取 g_{gain} 为 1,分别将 k_{gain} 调整为 1、10、50、100、500、1 000、5 000、10 000,运行算法 10 次并取结果的均值（设定适应度函数收敛精度为 10^{-4},极限迭代步 1 500 次,收敛精度及迭代步达到任一条件,则算法终止）,得到的解算结果如图 5-6 所示。

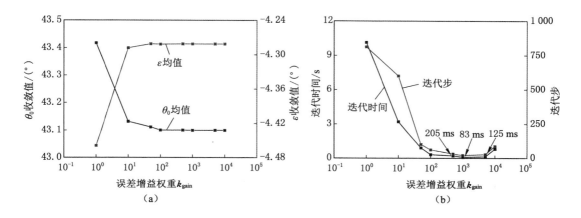

图 5-6　k_{gain} 值对解算性能的影响

由图 5-6 可知,当 k_{gain} 较小时,MTLBO 算法需要耗费大量时间以求取高精度适应度函数值,目标变量仍漂移严重。随着 k_{gain} 不断增大,MTLBO 解算精度不断提升（收敛稳定性大幅提升）,解算时间呈先减小后增大的趋势。当 k_{gain} 取 1 000 时,解算精度（1‰）及解算时间（83 ms）达到最优。同理,使 k_{gain} 不变,g_{gain} 分别取 1、0.1、0.001、…,得到效果与上述基本一致,即由于 θ_0 变化阈值远大于 ε,θ_0 变化对适应度函数值产生的影响远大于 ε。因此,后续分析中拟定 k_{gain} 取 1 000,从而对液压支架非线性姿态监控方程组进行解算。

（3）液压支架水平姿态解算分析

将第 4 章液压支架水平升降时的基本结构参数循环代入式（5-18）至式（5-19）,得到液压支架姿态监控方程的数值解析如图 5-7 所示。由图 5-7 可知,输入液压支架立柱长度及平衡千斤顶长度,液压支架在任一工作高度时的解算结果均小于 ±0.002°（解算时间小于100 ms）。图 5-8 所示为液压支架在 5 903 mm 工作高度时液压支架姿态参数随迭代次数变化的收敛过程。由图 5-8 可知,液压支架适应度函数在第 20 次迭代即已经达到较高收敛精度（5e−5）,此时目标变量函数 θ_0 和 ε 最优值仍存在小幅波动,其大约在第 25 次达到最优响应（响应时间小于 100 ms）,即所述算法能实现对液压支架姿态的高速、高精度及高可靠性解算。

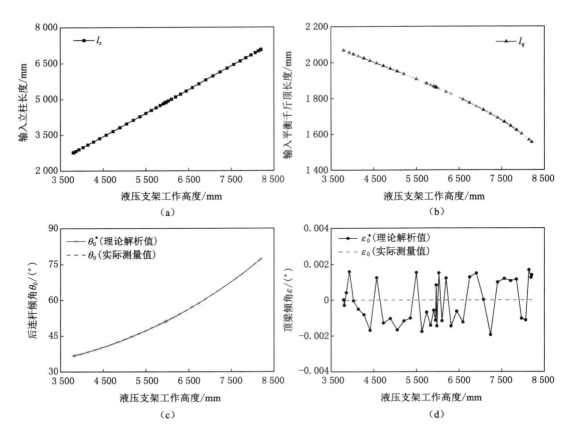

图 5-7　液压支架姿态监控方程的数值解析

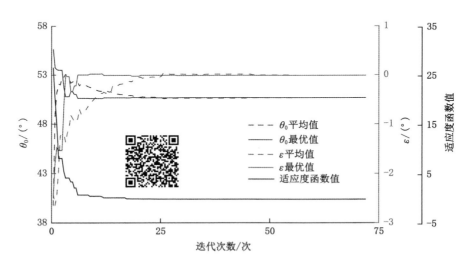

图 5-8　液压支架目标函数迭代值

5.4　液压支架姿态控制模型

当外部设备监测到液压支架达到极限姿态(顶梁倾角达到俯仰极限)或监测到顶板当前状态,需对液压支架进行姿态调节时,则液压支架进入受控状态。此时,上位机或工作面作业人员输入液压支架目标姿态(H'和ε或θ_0和ε),对液压支架下一时刻的行为姿态进行预测、控制,进而实现对工作面上覆顶板的智能、快速贴合以及极限姿态让压。考虑工作面顶板状态较难获取,本节以液压支架工作高度(图 5-3 中 H')为自变量,间接获取后连杆倾角(θ_0)并结合顶梁摆角对液压支架驱动件(l_z、l_q)的目标姿态进行解算。此时液压支架姿态控制方程可表达为式(5-21)的形成。

$$\left.\begin{aligned}
H' &= h_1 + l_1 \sin \theta_0 + l_5 \sin \theta_6 \\
l_q &= \left| \left\{ l_6^2 + l_7^2 - \cos \left[2 l_6 l_7 \left(\varepsilon + 3\pi/2 - \theta_7 - \theta_8 - \theta_{10} \right) \right] \right\} \frac{1}{2} \right| \\
\theta_6 &= \theta_7 = \theta_3 + \theta_4 + \theta_5 - \theta_0 \\
l_z &= \sqrt{l_{zx}^2 + l_{zy}^2} \\
l_{zx} &= l_9 + l_1 \cos \theta_0 - l_5 \cos \theta_7 - h_4 \sin \varepsilon - l_8 \cos \varepsilon + h_6 \sin \varepsilon \\
l_{zy} &= h_1 + l_1 \sin \theta_0 + l_5 \sin \theta_7 + h_4 \cos \varepsilon + l_8 \sin \varepsilon - h_3 - h_6 \cos \varepsilon
\end{aligned}\right\} \quad (5\text{-}21)$$

分析图 5-3 不难发现,液压支架四连杆机构(矢量环 **ABCDE**)为单自由度机构,因此一旦确定顶梁摆角 ε(约束顶梁自由度),液压支架机构即蜕化为基于 H' 逆解 θ_0 的单自由度系统,即液压支架的姿态控制问题可转化为由式(5-21)约束的一维空间变量解集寻优问题,采用二分法即可实现对一维空间变量方程的快速解算(本节不再赘述)。

表 5-1 所示为当 ε 为 0°时,等差(高度间隔 100 mm)输入用户高度 H',得到液压支架水平升降时的解算姿态参数变化如表 5-1 所示。由表 5-1 可知,所述液压支架姿态数学模型及对应解算方案能实现对液压支架姿态的高精度解算(最大误差小于 0.5%)。

表 5-1　液压支架解算姿态参数变化($\varepsilon = 0°$)

高度 /mm	后连杆角度 /(°)	掩护梁背角 /(°)	前连杆角度 /(°)	立柱角度 /(°)	平衡千斤 顶角度/(°)	平衡千斤 顶长度/mm	立柱长度 /mm
3 800	36.583 7	8.307 38	22.904 0	72.943 4	8.385 12	2 067.58	2 762.23
4 000	37.607 4	10.287 8	24.121 7	74.058 9	10.029 5	2 049.17	2 954.30
4 200	38.616 1	12.239 8	25.404 8	75.053 2	11.661 7	2 030.69	3 147.13
4 400	39.707 5	14.166 2	26.752 9	75.940 8	13.258 1	2 012.14	3 340.68
4 600	40.887 2	16.072 6	28.165 5	76.733 8	14.903 5	1 993.49	3 534.91
4 800	42.149 1	17.963 3	29.642 4	77.442 4	16.521 0	1 974.71	3 729.77
5 000	43.495 0	19.843 1	31.183 1	78.075 7	18.142 1	1 955.79	3 925.22
5 200	44.942 9	21.717 5	32.787 6	78.640 9	19.772 0	1 936.68	4 121.22
5 400	46.439 2	23.592 4	34.455 4	79.145 9	21.416 1	1 917.33	4 317.72
5 600	48.038 1	25.474 3	36.186 5	79.597 5	23.080 9	1 897.70	4 514.66

表 5-1(续)

高度 /mm	后连杆角度 /(°)	掩护梁背角 /(°)	前连杆角度 /(°)	立柱角度 /(°)	平衡千斤 顶角度/(°)	平衡千斤 顶长度/mm	立柱长度 /mm
5 800	49.722 3	27.370 5	37.980 8	80.002 2	24.773 8	1 877.71	4 711.99
6 000	51.494 6	29.289 3	39.838 6	80.366 6	26.503 2	1 857.29	4 909.65
6 200	53.351 1	31.240 1	41.759 1	80.697 7	28.279 1	1 836.35	5 107.58
6 400	55.298 3	33.233 8	43.743 4	81.002 5	30.113 3	1 814.77	5 305.68
6 600	57.338 5	35.283 6	45.795 1	81.289 3	32.020 1	1 792.43	5 503.86
6 800	59.470 5	37.404 7	47.924 7	81.567 1	34.016 9	1 769.17	5 702.02
7 000	69.008 3	39.616 2	50.072 2	81.846 8	36.125 3	1 744.79	5 899.99
7 200	64.029 8	41.941 6	52.305 3	82.141 5	38.373 1	1 719.04	6 097.61
7 400	66.464 3	44.410 9	54.597 4	82.468 0	40.796 2	1 691.63	6 294.64
7 600	69.008 2	47.063 6	56.944 6	82.848 1	43.442 9	1 662.14	6 490.81
7 800	71.667 6	49.953 5	59.341 1	83.311 7	46.380 9	1 630.04	6 685.79
8 000	74.450 7	53.158 1	61.778 2	83.901 6	49.708 7	1 594.58	6 879.20
8 200	77.370 2	56.796 1	64.241 8	84.683 2	53.581 8	1 554.66	7 070.65
最大误差比	0.3%	0.25%	0.017%	0.011%	0.015%	0.012%	0.001 4%

　　基于上述建立的液压支架姿态监测控制模型,采用 MATLAB/GUI(Graphical User Interface)开发的液压支架姿态监测控制软件用户界面如图 5-9 所示。液压支架姿态监测控制软件监测窗口通过读取用户输入数据(或以 Excel 格式保存传感器监测数据),实时输出液压支架当前姿态数据及姿态图形。

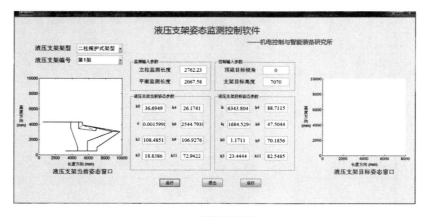

(a)最低水平姿态

图 5-9　液压支架姿态监测控制软件用户界面

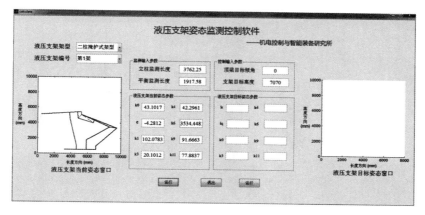

（b）任一仰斜姿态

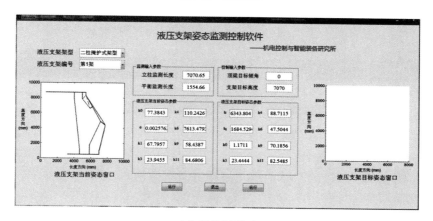

（c）最高水平姿态

图 5-9（续）

通过对比液压支架目标姿态参数及 5.3 节求解的液压支架实时姿态参数,即可得出液压支架驱动油缸立柱和平衡千斤顶的位移差,进而通过控制立柱及平衡千斤顶控制阀的启闭实现对液压支架姿态的远场控制。

5.5 样机试验

基于上述理论分析,本节基于 ZY81000/38/82 型液压支架搭建了液压支架姿态监测试验平台以对所述算法进行验证(样机按照 1∶5 放缩,同时考虑放缩后的液压支架横向稳定性,适当加宽了底座)。该试验平台如图 5-10 所示,通过在样机支架的立柱及平衡千斤顶上装设 HY150-1500 型拉线式传感器获取其长度参数,并通过导入所述算法对液压支架姿态进行解算。

图 5-11 所示为 DHDAS 动态信号采集测试软件界面,辅助完成拉线式传感器脉冲方波信号采集与测算工作,并输出、转存测量脉冲数据。

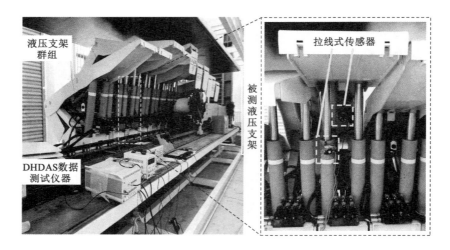

图 5-10　液压支架姿态监测试验平台

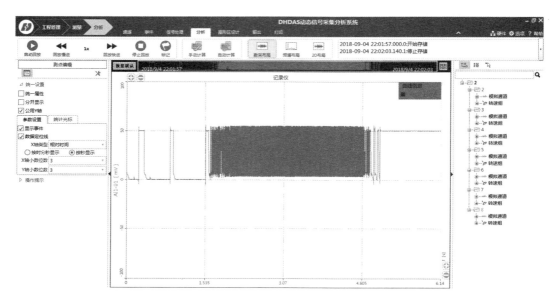

图 5-11　DHDAS 动态信号采集测试软件界面

5.5.1　基波测试

　　HY150-1500 型拉线式传感器采用脉冲输出方式计数,测量行程为 0～1 500 mm,测试精度为 0.05%FS,所适配编码为 2 000 脉冲/圈。在试验前,首先采用定长刻度线约束监测端位移(本次试验取 500 mm),采用不同采样频率(5 kHz、10 kHz 及 100 kHz)循环拉伸20 次以对传感器的输出适配采集频率及适配精度进行校验,该测试现场如图 5-12 所示。

　　基波测试结果如图 5-13 所示。由图 5-13 可知,在 5 kHz 采样频率下,测试结果跳动较大;采用 10 kHz 及 100 kHz 时,测试结果基本稳定在 6 944 个,即每个脉冲信号拉线传感器行走500/6 994＝0.072 mm。基于此,后续测试输出数据亦选用 100 kHz 即可满足使用需求。

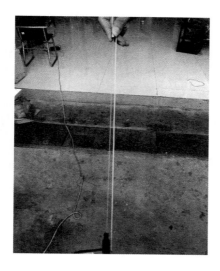

图 5-12 拉线式传感器基波测试现场

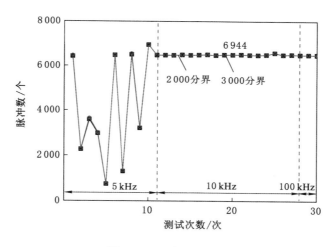

图 5-13 基波测试结果

5.5.2 姿态监测结果分析

由于试验台加工设计之初未预设拉线式传感器固定耳座,因此试验在对立柱长度及平衡千斤顶长度进行测量时,通过测取固定点位移对立柱伸出长度进行反演,该立柱测点位置如图 5-14 所示。

图 5-15 是液压支架立柱测量结果。由图 5-15 可知,输出的方波均值为 380.08 mm,测量 10 次产生的峰值误差为 2.4 mm(由于无固定耳座,测点距离误差加大)。测得的液压支架测点至立柱上铰点的距离为 15.4 mm,故立柱实际伸出长度 415.4 mm(实际长度为 417.6 mm,误差为 0.48%),立柱缸筒长度为 700 mm,故立柱实际长度为 1 115.4 mm(其实际长度为 1 117.6 mm,误差为 0.18%)。平衡千斤顶采取相同方案测量,得平衡千斤顶

图 5-14　液压支架立柱测点位置

长度伸出了 41.5 mm(实际伸出长度为 4.2 mm,误差为 2.38%),平衡千斤顶缸筒长度为
275.3 mm,即平衡千斤顶测量长度为 316.8 mm(实际长度 317.9 mm,误差为 0.35%)。

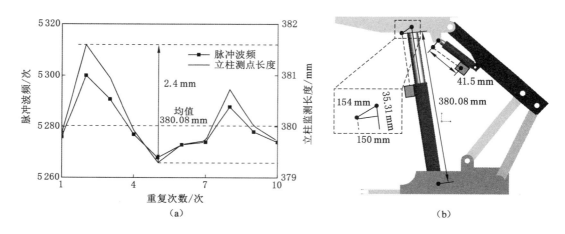

图 5-15　液压支架立柱测量结果

　　将放缩后的液压支架模型参数输入液压支架姿态监测控制软件,输入液压支架立柱长
度及平衡千斤顶参数,得到液压支架顶梁倾角为 $-6.231°$ (实际倾角为 $-6.456°$,误差为
3.6%),后连杆倾角为 65.842° (实际为 66.027° ,误差为 0.28%,如图 5-16 所示)。相对立
柱及平衡千斤顶的测量误差(0.48% 及 0.35%),顶梁实际倾角误差(3.6%)相对较大,而后
连杆实际倾角误差(0.28%)相对偏小。当实际测算液压支架井下姿态参数时,液压支架真
实尺寸远大于本节采用的放缩模型尺寸,因此最终得出的相对误差将更小。

　　图 5-17 所示为采用重锤敲击立柱时,拉线式传感器输出电压值与输出波频的关系示
意,即振动干扰影响结果。由图 5-17(a)可知,用重锤敲击立柱缸筒时(如工作面截割干扰信
号),传感器输出电压并未表现出明显的压力振荡。但需要注意的是,当传感器伸出端振动
时[即当顶梁振动时,传感器表现出相当程度的敏感度,振动瞬间输出方波数达 30~50 次,
如图 5-17(b)所示],显然所述传感器监测方案能极为精准地追踪顶梁姿态变化。

　　综上所述,本节所述的液压支架立柱、平衡千斤顶长度监测方法及相应的液压支架姿态

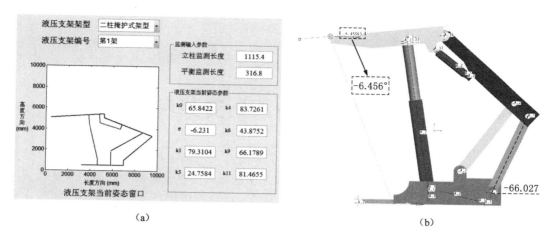

图 5-16　液压支架姿态测算结果

解算方案具有较高的检测精度及解算精度,且相对传统的后连杆、掩护梁及顶梁等直接角度监测方法[189,194],本章所述的液压支架姿态监测方案具有更强的抗振动干扰能力,对井下的恶劣工况及复杂工作环境具有更强的适应性及应用前景。但不得不考虑到,采用此种立柱、平衡千斤顶长度监测方式,若将全部数据提取至地表处理,则井下与地表的数据传输量极大。为实现井下设备位姿的实时监测应尽量采用实时数据方式,即在井下获取液压支架姿态参数后迅速解算液压支架实时姿态并仅将液压支架关键位姿信息上传至上位机。

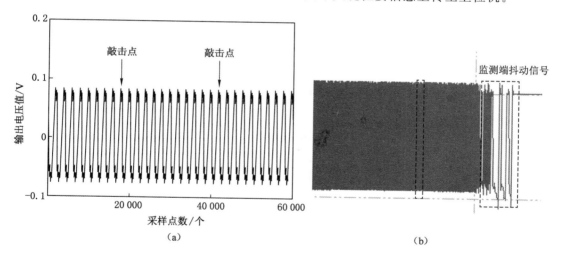

图 5-17　振动干扰影响结果

6 基于机电液协同的液压支架自适应调姿

由第 3、4、5 章分析可知,液压支架姿态调节系统是具有典型的机电液一体化特性的复杂多缸串、并联系统,单纯研究其液压系统及机械系统难以对多缸系统的动态耦合特性进行复现。因此在研究分析液压支架调姿技术时,为更准确地把握液压支架调姿系统的整体动态耦合特性,本章基于 ADAMS、AMESim 及 Simulink 构建了液压支架机电液协同仿真平台,展开了基于 PID 控制的液压支架虚拟调姿试验研究,分析了液压支架调姿过程中立柱系统及平衡千斤顶系统的动态耦合作用及调姿精度影响因素,从而为液压支架的自适应调姿控制研究提供理论支持及数值模拟思路。

6.1 机电液协同仿真数据接口分析

6.1.1 AMESim/ADAMS 数据交互分析

AMESim 作为专门面向液压领域的二维、系统级建模仿真平台,其独特的多场耦合-物理连接方式及庞大的接口数据库,使得其可与多领域的仿真软件进行数据交互而不再受限于繁琐的数学模型,从而使用户能更加专注于思考目标系统本身的设计优化。ADAMS 作为基于拉格朗日方程方法的经典多刚体运动学仿真软件,能有效建立复杂机械系统的动力学方程从而实现对复杂机械系统的静力学、运动学及动力学分析。因此,采用 AMESim 软件与 ADAMS 软件分别建立液压支架的液压系统及机械系统,通过构架数据接口实现二者的耦合,能提升液压支架机-液系统仿真的准确性。

AMESim 与 ADAMS 的数据交互接口包含两类工作方式[246]。第一类是将 ADAMS 模型导出到 AMESim 中,具体又分为 2 种。第 1 种是离散导出(协同模式),即在 AMESim 中协同仿真,AMESim 为主,ADAMS 为从,使用各自求解器,AMESim 通知 ADAMS 在固定的时间间隔内提供输出,该模式如图 6-1(a)所示。第 2 种是模型交换或连续模式,ADAMS模型被完全导入 AMESim 中,使用 AMESim 求解器,ADAMS 仅作为函数评估器。第二类是将 AMESim 模型导出到 ADAMS 中,同样分 2 种。第 1 种是在 ADAMS 中协同仿真,ADAMS 为主,使用各自的求解器,该模式如图 6-1(b)所示。第 2 种是模型交换,将 AMESim 模型完全导出到 ADAMS 中,使用 ADAMS 求解器。

但 AMESim 与 ADAMS 的协同仿真受许可证、编译器、ADAMS 版本以及系统平台的限制(如图 6-2 所示),且以 AMESim/ADAMS 数据交互实现的协同仿真仅适用于解决单缸系统的机液耦合仿真问题(单输入/单输出),无法实现对多缸系统(多输入/多输出)的有效模拟。基于此,本章引入兼容性更强大的 MATLAB/Simulink,通过其数据转换有效解决了AMESim/ADAMS 版本兼容问题及多缸系统的数据交互问题。

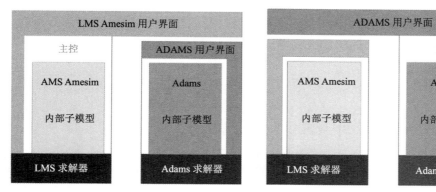

（a）AMESim主控协同仿真模式　　　　（b）ADAMS主控协同仿真模式

图 6-1　AMESim 与 ADAMS 协同仿真模式

Mode	ADAMS 2005	ADAMS 2008 R1	ADAMS 2010	ADAM S 2012	ADAMS 2013	ADAMS 2014
1. ADAMS in LMS AMEsim						
1.1 Co-simulation: LMS Master	Y	Y	N	N	N	N
1.2 Model Exchange: ADAMS to AMEsim	Y	N	N	N	N	N
Support of 64 Bit for Mode 1	Y	Y	N	N	N	N
2. LMS AMEsim in ADAMS						
2.1 Co-simulation: ADAMS Master	Y	Y	Y	Y	Y	Y
2.2 Model Exchange: AMEsim to ADAMS	Y	Y	Y	Y	Y	Y
Support of 64 Bit for Mode 2	Y	Y	Y	Y	Y	Y
Y		= 官方支持版本				
Y		= 或许支持（有待测试）				
N		= 不支持				

图 6-2　AMESim(2014)与 ADAMS 兼容示意

6.1.2　AMESim/Simulink 数据交互分析

AMESim 与 Simulink 之间的数据交互模式有 2 种[247]。第 1 种是将 AMESim 解算模型实时导入 Simulink 中，即 AME2SL（AMESim to Simulink）模式。第 2 种是将 Simulink 解算模型实时导入 AMESim 中，即 SL2AME 模式。除了这 2 种方法外，也可以将 AMESim 求解器导入 Simulink 中。

（1）SL2AME 接口及配置

在 SL2AME 模式中，Simulink 借助 Simulink Coder 模块将模型编译为 C 代码，SL2AME 接口将该 C 代码解译为 AMESim 元件库一般子模型元件。SL2AME 接口工作方式包含两类。一类基于 Simulink 定步长求解器对子模型进行解算，第二类是基于 Simulink模型生成的 AMESim 求解器对子模型进行解算。SL2AME 模式配置方法如下。

① 安装 Microsoft Visual C++编译器。

② 基于"mex-setup"命令调用 Visual C++编译器构建外部接口 mex 文件,并将 AMESim 安装路径添加至 MATLAB 路径。

③ 搭建并保存 Simulink 控制系统模型后,设置求解器类型为定步长。

(2) AME2SL 接口及其配置

在 AME2SL 模式中,AMESim 借助 AME2SL 接口将液压系统子模型编译为 Simulink-S 函数并传递至 Simulink,其配置方案与 SL2AME 的基本一致,同样需借助 Visual C++编译器才能生成模型编译。AME2SL 模式配置方法如下。

① 安装 Microsoft Visual C++编译器。

② 基于"mex-setup"命令调用 Visual C++编译器构建外部接口 mex 文件,并将 MATLAB 安装路径添加至 AMESim 路径,其配置可靠性、有效性可基于 DOS 终端"echo %MATLAB%"命令进行校验。

③ 搭建并保存 AMESim 控制系统模型。

6.1.3 ADAMS/Simulink 数据交互分析

与 AMESim/Simulink 接口相似,ADAMS 与 Simulink 间数据交互亦包含两种方式:第一种为将 Simulink 计算数据导入 ADAMS,实现 ADAMS 软件主控;第二种为将 ADAMS 动力学模型导入 Simulink,实现 Simulink 软件主控。相对第一种方案,将 ADAMS 动力学模型导入 Simulink 更便于对控制系统的参数整体进行实时修正。ADAMS 系统模型导出的基础准备工作如下。

① 基于 ADAMS/View 建立液压支架刚体动力学模型。

② 基于 Varval 函数建立液压支架的输入/输出状态变量,实现对力、位移、速度的数据实时交互。

③ 基于 Plugins/Controls 模块,编辑输入/输出场(与 AMESim 交互时,选取目标软件为 EASY5;与 MATLAB 进行交互时,选取目标软件为 MATLAB)。

上述工作完成后,ADAMS 将在当前工作路径下创建 3 种文件。

① .cmd 文件:ADAMS/View 命令文件,涵盖液压支架刚体动力学系统的完整拓扑结构信息(含全部几何信息),但不包含仿真结果。

② .m 文件:记录 ADAMS 与 MATLAB 的交换变量,以及 ADAMS 模型求解器设置等。

③ .adm 文件:记录液压支架拓扑结构信息,不包含几何信息。

考虑本章引入 Simulink 的主要目的是实现液压支架机械系统与液压系统的数据交互,为液压支架的机电液协同仿真奠定基础。因此本章在构建 AMESim/Simulink 数据交互接口时采用 AME2SL 模式,在构建 ADAMS/Simulink 数据交互接口时将目标软件设置为 MATLAB 以搭建 AMESim、ADAMS 及 Simulink 三者的数据协同交互平台,从而解决液压支架多缸串、并联系统的多输入、多输出状态变量交互问题。

6.2 基于机液协同的液压支架调姿数值模拟

6.2.1 机械系统模型

第 3 章、第 4 章基于 ADAMS 建立了液压支架的刚柔耦合数值分析模型,但该模型旨在解决动载冲击条件下液压支架激振力传递效应问题及非对称载荷工况下液压支架载荷平衡区分布问题,需要考虑液压支架的偏载效应及微变形效应,因此模型顶梁、掩护梁等构件被处理为柔性体。其次,该数值模型中采用变弹簧刚度-阻尼系统对立柱及平衡千斤顶系统进行了等效代换,无法满足液压支架机电液协同仿真中液压缸的协同控制需求。

本章重在研究液压支架的调姿技术,因此为提高仿真运算效率,在构建液压支架机械系统模型时,忽略了液压支架的局部小变形,将液压支架各结构件定义为刚性体。同时,假定液压支架各铰接点装配良好,其间隙跳动对液压支架姿态影响较小。图 6-3 所示为基于上述假设建立的液压支架机械系统模型。液压支架此时处于最低工作高度,底座与底板采用固定副定义,顶梁与掩护梁、掩护梁与前后连杆、底座与前后连杆、立柱与顶梁和底座之间采用旋转副定义,平衡千斤顶及立柱的活塞与缸筒之前采用滑动副连接[233]。

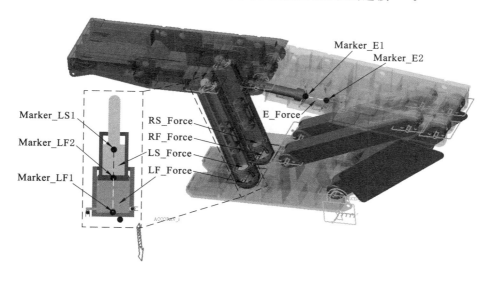

图 6-3 液压支架机械系统模型

为实现与 AMESim/MATLAB 的协同交互计算,分别在立柱一级缸、二级缸及平衡千斤顶的活塞及缸底中心建立 Marker 点(图 6-3)。基于建立的 Marker 点,分别以平衡千斤顶、立柱一级缸左(右)及立柱二级缸左(右)的驱动力 E_Force、LF_Force(RF_Force)及 LS_Force(RS_Force)为输入力变量,对应的 E_ Position、LF_Position(RF_ Position)及 LS_ Position(RS_ Position)为输出位移变量,对应的 E_ Velocity、LF_ Velocity(RF_ Velocity)及 LS_Velocity(RS_ Velocity)为输出速度变量,设置的输出目标软件为 MATLAB,分析类型为非线性,求解器选择 Visual C++,该定义模块如图 6-4 所示。

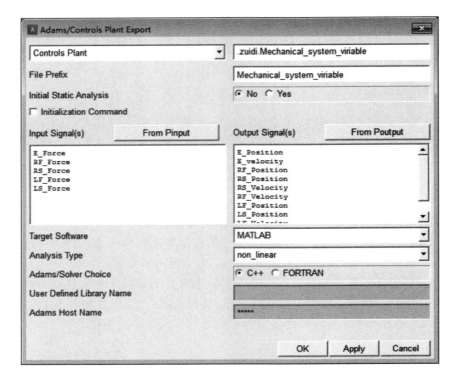

图 6-4　液压支架机械系统变量定义模块

图 6-5 所示为 Simulink 环境下液压支架机械系统模型。其中,Input Mux 为输入变量多路开关,包含 5 个输入变量,Output Demux 为输出变量分路器,包含 10 个输出变量。ADAMS_tout、ADAMS_Input 及 ADAMS_out 分别代表 Simulink 输出至工作空间的时钟、输入变量及输出变量(仿真结束可查看)。ADAMS Plant 为 Simulink 调用的 ADMAS 子系统模型,在 ADAMS Plant 中设置的液压支架机械子系统求解器为 Visual C++,通信方式选择 PIPE(DDE),动画模式选择交互式(对液压支架位姿进行实时观测),仿真模式选取离散式,与 Simulink 通信时间为 0.001 s。

6.2.2　液压系统模型

图 6-6 所示为液压支架液压系统原理图。为验证仿真系统的精准性,本部分将左右立柱系统拆分为两个子系统并分别由两个电液换向阀进行控制(实际工作时液压支架左右立柱由一个电液换向阀进行控制)。左右立柱配备的大流量安全阀为 FAD1000/50,额定流量为 1 000 L/min,额定溢流压力为 50 MPa。液控单向阀为 FDY1000/50,额定流量为 1 000 L/min,额定溢流压力为 50 MPa。为加快系统仿真速度,将立柱供液泵及其电液控换向阀参数优选为 1 500 L/min,将平衡千斤顶供液泵参数优选为 40 L/min。平衡千斤顶配备的安全阀额定流量为 FAD400/50,额定工作压力为 50 MPa。双向锁 FDS125/50 的额定工作流量为 125 L/min,额定工作压力为 50 MPa。L_CS、R_CS 及 E_CS 分别为左立柱、右立柱及平衡千斤顶电液换向阀的控制信号。在进行机液协同仿真试验时,应采用 Signal Builder 对控制信号进行定义以模拟液压支架的升降架行为。

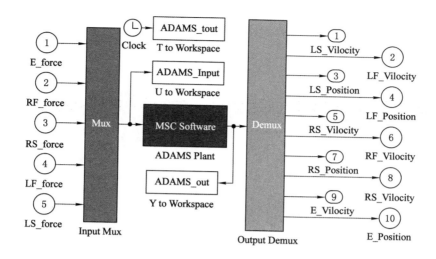

图 6-5　Simulink 环境下液压支架机械系统模型

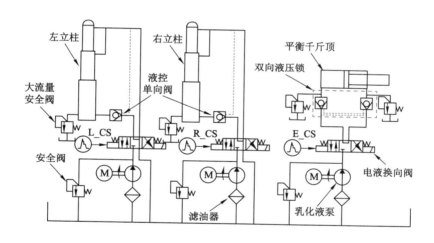

图 6-6　液压支架液压系统原理图

　　图 6-7 所示为基于图 6-6 所示的液压系统建立的 AMESim 仿真模型。其中,油源密度参数为 850 kg/m³,体积模量为 1 700 MPa。外载荷模块为液压支架顶梁、连杆等构件重力载荷及其承受的顶板载荷、平衡千斤顶耦合载荷(液压支架调姿行为多发生在触顶前,较少考虑顶板载荷)。立柱载荷耦合传递模块为立柱及相关构件运动引起的平衡千斤顶耦合压力(单纯液压系统仿真很难兼顾立柱及平衡千斤顶的并联耦合效应)。在机液协同仿真模型中,上述两个模块均在 ADAMS 中自动计算完成。

　　基于 AMESim 软件 Simucosim 工具包分别将平衡千斤顶、左立柱及右立柱位移变量(E_ Position、LF_Position、LS_ Position,RF_ Position、RS_ Position)、速度变量(E_ Velocity、LF_Velocity、LS_ Velocity,RF_ Velocity、RS_ Velocity)及电液换向阀控制信号

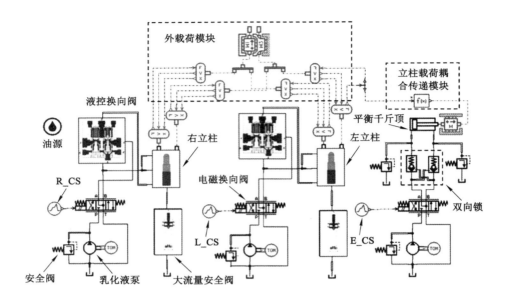

图 6-7   基于液压支架液压系统的 AMESim 仿真模型

（E_CS、LF_CS 及 R_CS）定义为输入变量，将其对应的力变量 E_Force、LF_Force、LS_Force、RF_Force 及 RS_Force 定义为输出变量，该定义模块如图 6-8 所示。

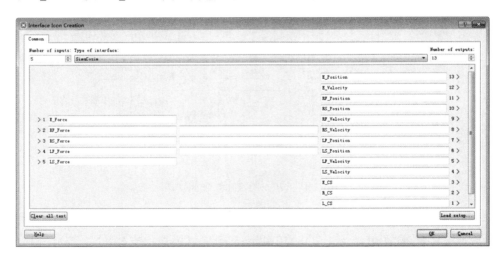

图 6-8   液压支架液压系统变量定义模块

将配置完成的液压系统仿真模型数据以 Mexw64 格式传递至 MATLAB/Simulink，得到的至 Simulink 环境下液压支架液压系统变量如图 6-9 所示（AMESim 模型以 S-Function 参与至协同仿真过程），该模型包含 13 个输入变量，5 个输出变量。

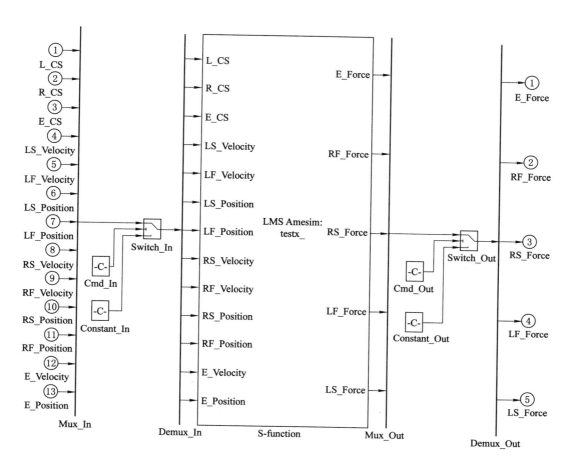

图 6-9   Simulink 环境下液压支架液压系统变量

6.2.3   液压支架机液协同仿真模型

基于上述液压支架机械子系统及液压子系统搭建的液压支架机液协同仿真模型如图 6-10 所示。图 6-10(a)为基于 AMESim 平台搭建的液压支架机液协同仿真子系统,包含左、右立柱液压系统及平衡千斤顶液压系统 3 个液压回路。考虑 AMESim 采用的单位制为 N、m 及 m/s,而 ADAMS 所用单位制为 N、mm 及 mm/s,因此额外引入量纲增益模块以匹配两者量纲。图 6-10(b)为基于 MATLAB/Simulink 平台搭建的液压支架机液协同仿真主系统。由图 6-10(b)可知,ADAMS 与 AMESim 的交换变量分别为力、速度、位移,ADAMS 调用来自 AMESim 的力变量,并将计算出的相应构件的位移、速度变量反馈至 AMESim,左右立柱系统及平衡千斤顶电液换向阀控制信号由 Signal Builder 建立生成。

6.2.4   仿真结果分析

本部分仿真的主要目的是测试协同仿真平台的合理性,因此本部分设计了 3 种不同仿真方案对仿真结果进行评判,相应方案如表 6-1 所示。

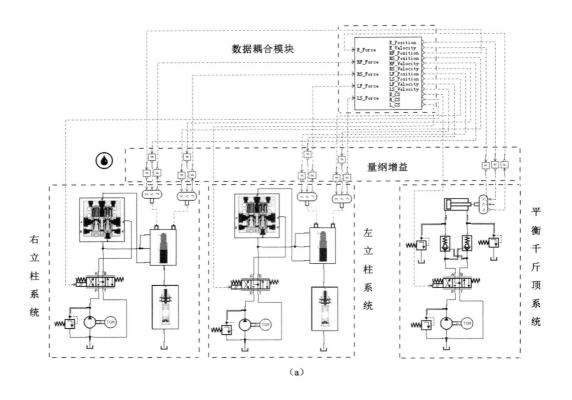

（a）

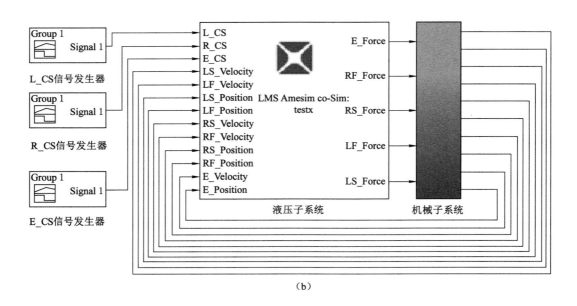

（b）

图 6-10　基于机液协同的液压支架仿真模型

表 6-1 机液协同仿真方案

方案	初始重力是否平衡	立柱是否动作	平衡千斤顶是否动作	目的
方案 1	1	1	0	动作合理性
方案 2	0	1	0	结果复现性
方案 3	0	1	1	监控必要性
1	=是			
0	=否			

（1）方案 1 结果分析

图 6-11 所示为液压支架立柱及平衡千斤顶电液换向阀控制信号，在该信号作用下，液压支架系统各模块对应位移、压力等曲线如图 6-12 至图 6-18 所示（液压支架左右立柱对称布置，因此其响应曲线基本重合）。

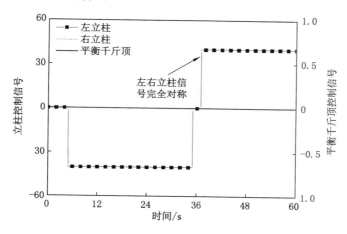

图 6-11 立柱及平衡千斤顶电液换向阀控制信号

如图 6-12 至图 6-18 所示，液压支架整体动作过程可分为如下 4 个阶段。

在 0～5 s，液压支架立柱及平衡千斤顶电液换向阀控制信号为 0，此时液压支架在重力作用下进入初始平衡状态。由图 6-12 可知，液压支架在初始重力作用下能迅速达到自平衡状态（系统波动较弱且迅速收敛）。此时，顶梁在重力作用下呈抬头趋势（图 6-16），立柱呈前倾趋势（平衡千斤顶长度逐渐减小，有杆腔压力达到 2.9 MPa），顶梁稳定角度为 0.029 5°，立柱稳定角度为 36.683 6°（立柱初始稳定角度为 36.683 7°，即重力作用对液压支架姿态影响极小）。

在 5～35 s，立柱电液换向阀开启，液压支架进入升柱阶段。由图 6-13 可知，液压支架在动作瞬间具有较强的压力冲击（5 s）。同时由于底阀的存在，立柱在升柱阶段体现出典型的顺序动作特性。自 5 s 开始，一级缸首先动作。此时立柱一级缸无杆腔进液流量为 1 500 L/min，压力为 0.8 MPa（用以提升顶梁、掩护梁及四连杆机构）。由于底阀的存在，此时二级缸进液流量为 0 L/min，二级缸活塞与缸底呈刚性接触，压力为 −0.09 MPa（欠压状态）。随后在 23.6 s，立柱一级缸达到行程末（2 110 mm），逐渐升压打开底阀（开启压力 1.5 MPa，通流压降 1 MPa，流量梯度压差为 3.5 MPa，一级缸及二级缸形成的压差为 6 MPa，实际工

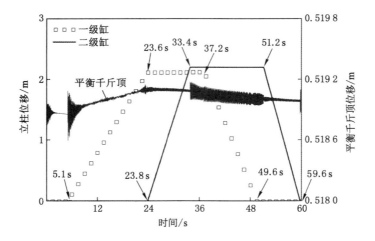

图 6-12　立柱及平衡千斤顶位移曲线

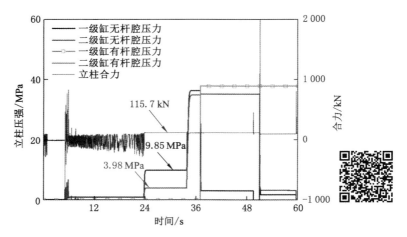

图 6-13　液压支架立柱压力曲线

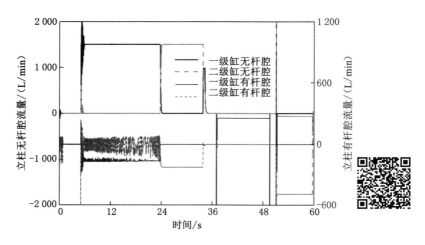

图 6-14　立柱流量曲线

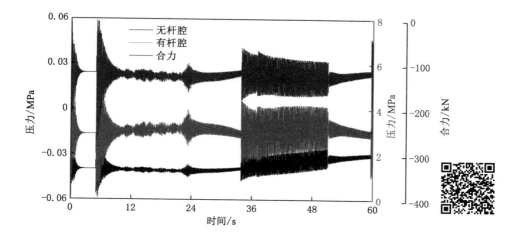

图 6-15 平衡千斤顶压力曲线

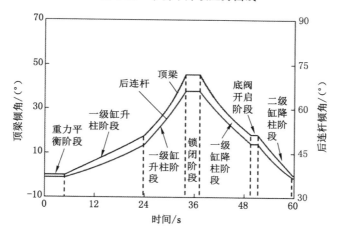

图 6-16 液压支架顶梁角度变化

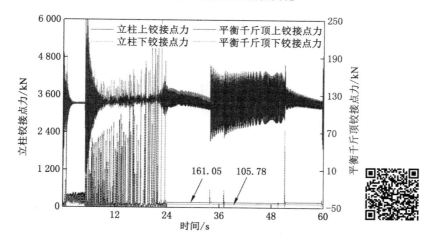

图 6-17 力柱及平衡千斤顶铰接点力

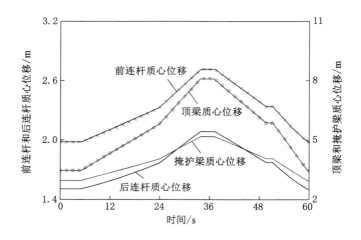

图 6-18　液压支架结构件 Y 向质心位移曲线

作过程中由于泵站流量达不到 1 500 L/min,底阀流量梯度压差一般小于 2 MPa),二级缸开始动作(动作压力为 3.98 MPa,一级缸与二级缸压差为 5.97 MPa,符合底阀压降特性)。由于一级缸无杆腔截面积远大于二级缸,二级缸升柱仅耗时 9.6 s,远小于一级缸升柱阶段消耗的 18.5 s。在 33.4 s,立柱系统二级缸达到行程末(2 200 mm),立柱系统迅速升压进入初撑阶段,此时泵站流量皆从安全阀卸出,如图 6-13 和图 6-14 所示。在 33.8 s,立柱一级缸初撑压力稳定在 36.4 MPa,二级缸主动初撑压力稳定在 34.9 MPa。在 35 s,立柱液控单向阀关闭,立柱系统与供液系统切断,由于液控单向阀的存在,立柱系统压力迅速闭锁形成被动承压回路。由于平衡千斤顶在此阶段处于闭锁状态,无法对液压支架姿态进行调整,因此液压支架在立柱作用下呈抬头姿态,且随立柱长度增大,顶梁抬头角度及后连杆角度不断增大(在液压支架整个动作过程中,顶梁及后连杆角度变化趋势与立柱长度变化趋势基本一致)。

在 37~59.6 s,立柱液控单向阀反向开启,立柱一级缸及二级缸有杆腔接通泵站,液压支架进入降柱卸流阶段(同理,二级缸降柱速度远快于一级缸降柱速度)。由图 6-13 可知,此时立柱一级缸及二级缸有杆腔压力达到 35 MPa,立柱上腔进液流量为 254 L/min(远小于泵站额定流量 1 500 L/min,其余流量皆从安全阀卸出),下腔排液流量为 2 262 L/min,即立柱降柱速度受阀块通流流量限制,在实践使用时,通常在立柱回路增加排液阀口以提高液压支架降柱速度。随立柱长度的减小,顶梁抬头角度及后连杆角度亦不断减小。

由图 6-15 可知,尽管在本次仿真过程中平衡千斤顶始终处于封闭阶段,但在立柱动作影响下平衡千斤顶表现出较大的压力波动(立柱在升柱阶段对平衡千斤顶压力造成的影响较初撑阶段及降柱阶段的更小),且该波动基本未对平衡千斤顶合力产生影响(合力稳定在 110~130 kN)。液压支架立柱及平衡千斤顶上下铰接点分别存在 56 kN 及 8 kN 的重力合力差。

图 6-18 所示为液压支架前连杆、后连杆、顶梁及掩护梁等结构件 Y 向质心位移曲线。对比分析图 6-11 至图 6-18 可知:① 本节所建立的液压支架机液协同仿真模型能较好地对液压支架升降架过程的顺序动作进行模拟,且压力、位移及流量变化合理有据;② 虽然立柱系统(左立柱和右立柱)采用独立信号控制,但其压力、流量和位移变化结果严格对称,即本节所建立的模型精确、可靠;③ 相比采用单一的液压系统仿真及机械系统仿真,机液协同仿

真能更全面地对液压支架调姿过程中整架的动态响应进行复现与评估,为后续的液压支架机电液协同仿真提供理论依据。

（2）方案 2 结果分析

图 6-19 所示为无初始重力平衡时液压支架立柱及平衡千斤顶电液换向阀控制信号。图 6-20 所示为液压支架立柱及平衡千斤顶对应的位移响应曲线。图 6-21 所示为方案 1 与方案 2 的平衡千斤顶压力及合力对比曲线。图 6-22 所示为立柱压力曲线。

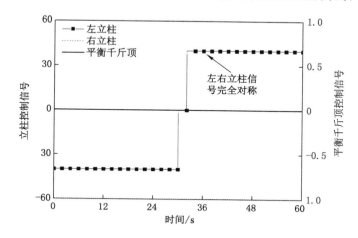

图 6-19 立柱及平衡千斤顶电液换向阀控制信号（无初始重力平衡时）

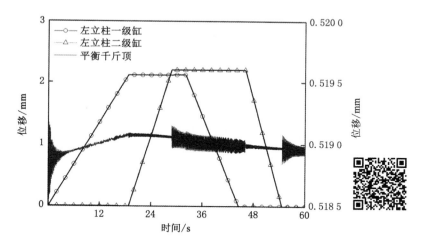

图 6-20 立柱及平衡千斤顶位移曲线

与方案 1 相比,采用方案 2 进行模拟时,液压支架未经过初始重力平衡就直接进入升架阶段,其初始动作压力波动相对较大。但在稳定阶段,立柱系统与平衡千斤顶系统压力值与方案 1 的基本一致,即液压支架机液协同仿真模型具有重复性及一致性。

（3）方案 3 结果分析

图 6-23 所示为液压支架立柱与平衡千斤顶同时调姿时（无初始重力平衡阶段）,立柱及平衡千斤顶电液换向阀控制信号。其中,立柱控制信号与方案 1、方案 2 一致,而平衡千斤

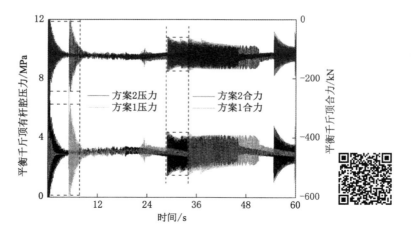

图 6-21　方案 1 和方案 2 的平衡千斤顶压力和合力对比曲线

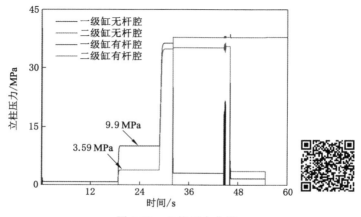

图 6-22　立柱压力曲线

顶控制信号分 4 个阶段：0～20 s，有杆腔进液，平衡千斤顶回缩；20～27 s，平衡千斤顶闭锁；27～42 s 时平衡千斤顶无杆腔进液，平衡千斤顶伸出；42 s 后平衡千斤顶闭锁。

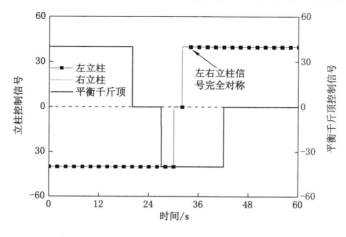

图 6-23　立柱及平衡千斤顶电液换向阀控制信号

图 6-24 所示为立柱及平衡千斤顶位移曲线。如图 6-24 所示,立柱位移曲线与方案 1、方案 2 的基本一致,而平衡千斤顶位移曲线在 27 s 及 34.1 s 时出现小幅的压力、流量振荡。

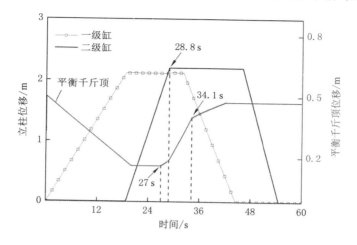

图 6-24　立柱及平衡千斤顶位移曲线

图 6-25 所示为液压支架顶梁倾角变化曲线。由图 6-25 可知,立柱及平衡千斤顶的动作直接影响了顶梁的倾角变化。图 6-26 所示为平衡千斤顶压力及流量变化曲线。综合对比图 6-24 至图 6-27 不难发现,在第 27 s 时,平衡千斤顶振荡源于立柱一级缸降柱时力的耦合作用。在第 34.1 s 时,平衡千斤顶振荡源于图 6-24 所示的顶梁角度突变(由抬头递增姿态逐渐向水平姿态过渡,详细判定见 6.3.2 节)。同时可知,为实现液压支架对顶板的快速、高效支护,立柱及平衡千斤顶需要同时对液压支架姿态进行调节,而平衡千斤顶在动作过程中,其进回液流量、动作速度受立柱动作、顶梁角度等参数的影响较大,因此需要引入反馈调节机制对其长度变化进行实时监控。

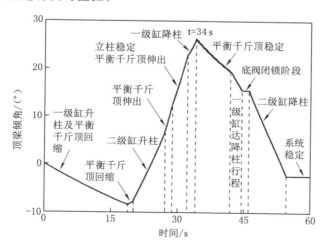

图 6-25　液压支架顶梁倾角变化曲线

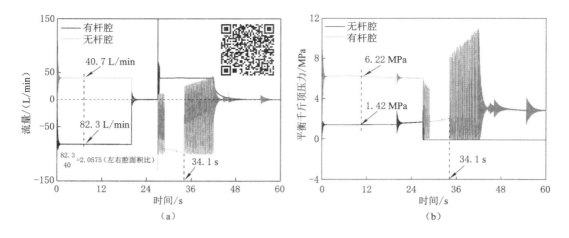

图 6-26　平衡千斤顶压力及流量变化曲线

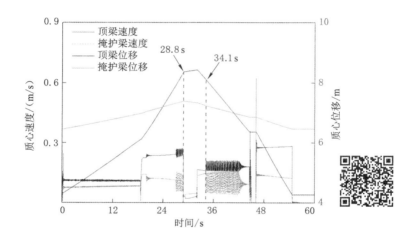

图 6-27　顶梁及掩护梁响应速度及位移

6.3　基于机电液协同的液压支架调姿数值模拟

6.3.1　液压支架机电液协同仿真模型

（1）电气控制系统子模型

基于第 5 章建立的液压支架位姿控制方程组，利用 Simulink 软件搭建图 6-28 所示的液压支架位姿解算器。当用户/上位机输入液压支架目标姿态信号后（ε 和 θ_0），液压支架位姿解算器将自动输出立柱（l_z）及平衡千斤顶（l_q）所需长度。

图 6-29 所示为基于 Simulink 的液压支架位姿 PID 控制器。通过对前文建立的液压支架位姿解算器进行封装，将该解算器导入液压支架位姿控制器子模型，就可实现对液压支架目标姿态的实时解算。

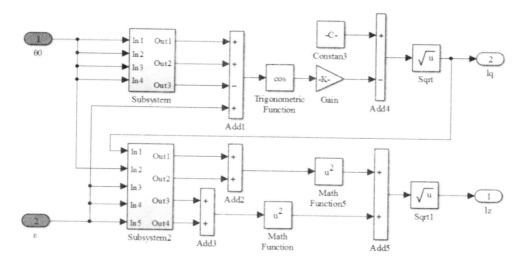

图 6-28　液压支架位姿解算器

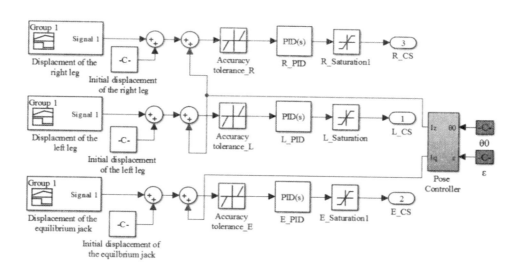

图 6-29　基于 Simulink 的液压支架位姿 PID 控制器

　　位姿控制器通过比较左、右立柱和平衡千斤顶的当前长度及目标长度,输出控制信号 L_CS、R_CS 和 E_CS 以控制左、右立柱和平衡千斤顶电液换向阀的启闭,从而控制立柱与平衡千斤顶的长度,进而实现对液压支架姿态的调控。图 6-29 中采用 Signal builder 生成液压支架立柱及平衡千斤顶长度信号,通过与立柱、平衡千斤顶初始位移模块比较可计算得出液压支架姿态解算参数。在进行机电液协同仿真时,立柱及平衡千斤顶系统位移变量由 ADAMS 计算输出。为实现 PID 控制系统的快速收敛,在控制器前面布置滞时容差模块(±0.5 mm)以消除微振动噪声信号对液压支架位姿控制精度的影响。同时考虑受控电磁换向阀的额定电流为±40 mA,在控制器输出口布置饱和模块以将输出信号限定在阀控电流范围。

（2）液压支架机电液协同仿真模型

将6.3.1节建立的液压支架位姿PID控制器代入6.2.3节液压支架机液协同仿真模型，替换立柱及平衡千斤顶控制系统的换向阀控制信号，得到Simulink环境下基于机电液协同的仿真模型如图6-30所示（AMESim环境下液压支架的协同仿真模型未发生变化，如图6-10所示）。求解器选型设置为常规求解器，初值解算方式选取自适应变步长的ode45函数（四五阶龙格-库塔函数），计算容差为$1e-05$，通讯时差为0.001 s。

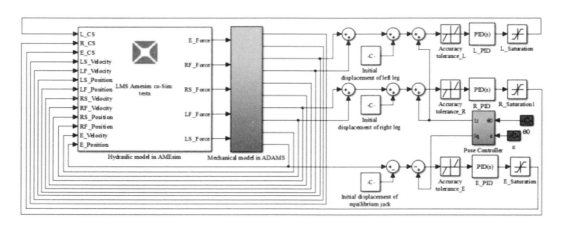

图6-30　液压支架基于机电液协同仿真模型

6.3.2　机电液协同仿真结果分析

本节数值仿真的主要目的是验证所提出机电液协同仿真方案及姿态控制方案的可行性。表6-2所示为液压支架调姿试验参数，其中θ_0和ε为位姿控制器输入变量，l_z及l_q为位姿控制器输出变量（目标变量）。如表6-2所示，液压支架调姿过程测试分两个阶段进行，分别验证立柱及平衡千斤顶系统伸缩动作的控制精度。

表6-2　液压支架调姿试验参数

时间/s	$\theta_0/(\degree)$	$\varepsilon/(\degree)$	l_z/mm	l_q/mm
0～12	44.67	-5.05	1 200	-180
12～20	43.10	-4.28	1 000	-150

图6-31所示为立柱和平衡千斤顶换向阀控制信号。图6-32和图6-33所示为立柱和平衡千斤顶系统随时间变化的位移、压力及流量曲线图（由于立柱缸径较大，其压力、流量振荡相对平缓，本节不再罗列其结果）。

由图6-31可知，0 s时，液压支架根据用户/上位机的输入数据开始调整其姿态。初始阶段立柱和平衡千斤顶的初始长度值与目标值相差较大，PID控制器输出最大值并使电磁换向阀开启最大流量，立柱和平衡千斤顶（无杆腔）开始承受顶梁的惯性力。由6.2节分析结果可知，由于立柱的直径远大于平衡千斤顶的直径，在立柱动作影响下，平衡千斤顶产生较大的压力波动。在10.6 s，立柱和平衡千斤顶系统达到目标长度（动作精度误差小于

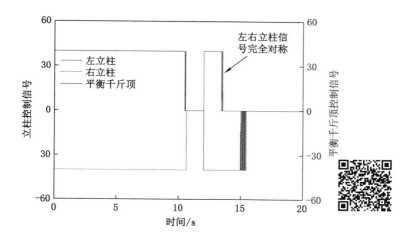

图 6-31　立柱及平衡千斤顶换向阀控制信号

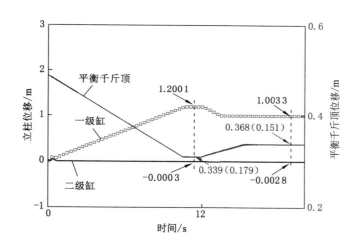

图 6-32　立柱及平衡千斤顶位移曲线图

1.5 mm,加之立柱及平衡千斤顶姿态监测误差为 2.4 mm,即累加误差小于 3.9 mm)。随后,PID 控制器输出转为 0,立柱和平衡千斤顶长度保持不变并进入闭锁状态。此时,液压支架应切换至初撑增压模式以提高液压支架初撑能力。图 6-32 至图 6-35 表明,在 10 s 附近立柱及平衡千斤顶达到相对稳定姿态后,液压支架系统逐渐趋于稳定(系统波动逐渐收敛)。在 12 s 处,用户/上位机改变了液压支架输入姿态数据,液压支架再次进入姿态调整过程。此时,平衡千斤顶有杆腔承受来自立柱及顶梁的外载荷,因而平衡千斤顶产生了较大的压力和位移振荡。立柱及平衡千斤顶在此阶段产生的振荡持续且收敛速度更慢。最终,液压支架系统在 15 s 附近接近目标姿态并产生大幅振荡(持续约 0.5 s,12 s 后的系统振荡将在6.3.4节单独展开讨论)。

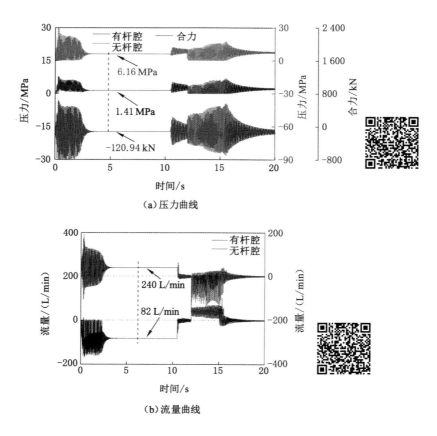

（a）压力曲线

（b）流量曲线

图 6-33　平衡千斤顶压力及流量曲线图

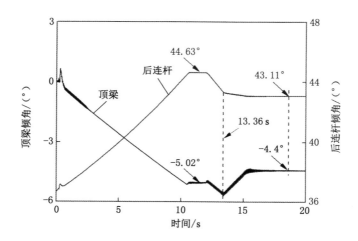

图 6-34　顶梁及后连杆倾角

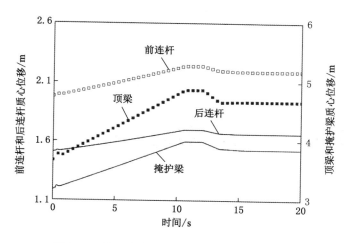

图 6-35　液压支架结构件 Y 向质心位移曲线图

6.3.3　系统振动分析

针对 6.3.2 节液压支架系统在 12 s 后表现出的系统振荡,本节引入 3 组对照方案对该现象进行阐述,对照组调姿信号如表 6-3 所示(对照组①、②、③)。相对试验组(6.3.2 节模拟结果),对照组在 12 s 后分别改变立柱及平衡千斤顶运动轨迹,以对比分析液压支架系统振荡成因。

表 6-3　对照组调姿信号

Time/s	对照组①		对照组②		对照组③		试验组	
	l_z/mm	l_q/mm	l_z/mm	l_q/mm	l_z/mm	l_q/mm	l_z/mm	l_z/mm
0~12	1 200	−180	1 200	−180	1 200	−180	1 200	1 200
12~20	1 400	−220	1 000	−220	1 400	−150	1 000	1 000

图 6-36 至图 6-41 分别为对照组及试验组协同仿真对比图。由该类图可知,在前 12 s 用户输入液压支架目标姿态一致,液压系统参数未发生变化,对照组及试验组模拟结果完全一致。在 12 s 后,对照组与试验组表现出两种结果:对照组①和②未产生明显的系统波动,对照组③及试验组存在明显的系统波动。4 组模拟结果中,平衡千斤顶系统振幅均大于立柱系统。

图 6-37 为 4 种调姿方案下立柱及平衡千斤顶位移对比图。对比图 6-37(a)和图 6-37(b)可知,立柱改变动作方向后,平衡千斤顶系统未表现出明显压力波动。即在此阶段(顶梁角度变化较小时),立柱的伸缩对平衡千斤顶动作产生的影响较小。

图 6-38 为 4 种调姿方案下顶梁及后连杆倾角对比图。由图 6-38 可知,在此阶段,顶梁的低抬头角度未对平衡千斤顶动作产生明显影响。同时可知,在立柱动作影响下,平衡千斤顶调姿能力大幅降低,顶梁角度曲线表现出回转趋势:在立柱回缩及平衡千斤顶伸出过程中,液压支架始终朝低头姿态发展,当且仅当立柱达到稳定状态后,平衡千斤顶才将顶梁低头姿态拉回。

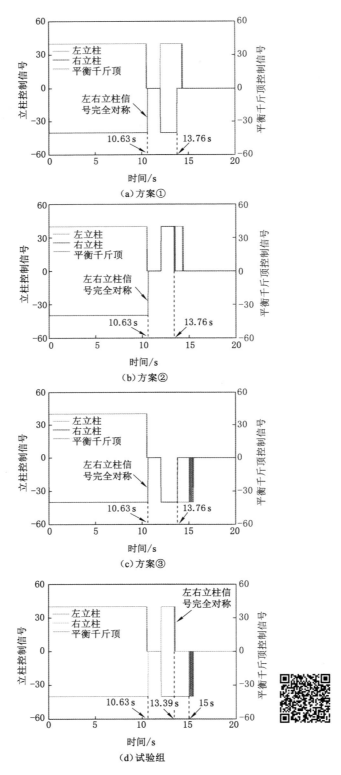

图 6-36　立柱及平衡千斤顶换向阀控制信号对比图

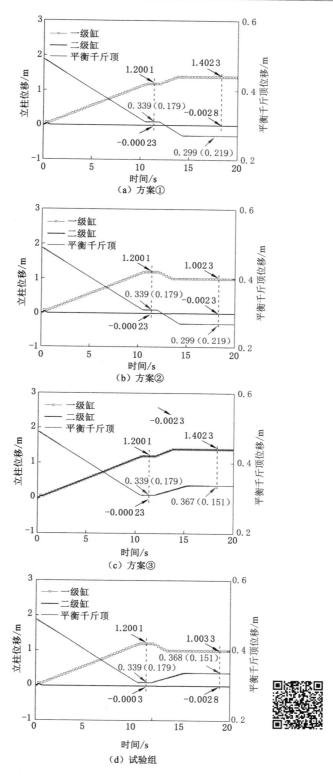

图 6-37 立柱及平衡千斤顶位移对比图

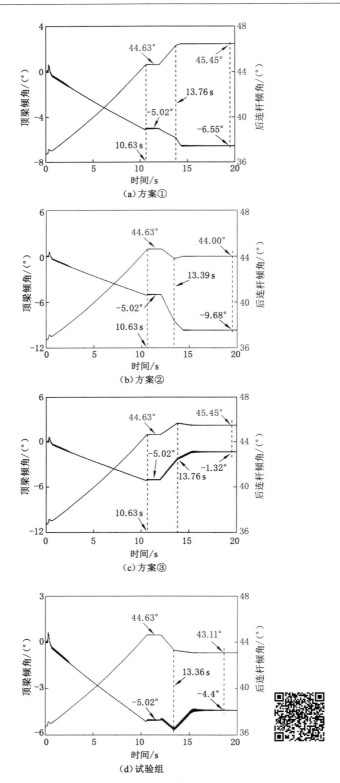

图 6-38 顶梁及后连杆倾角对比图

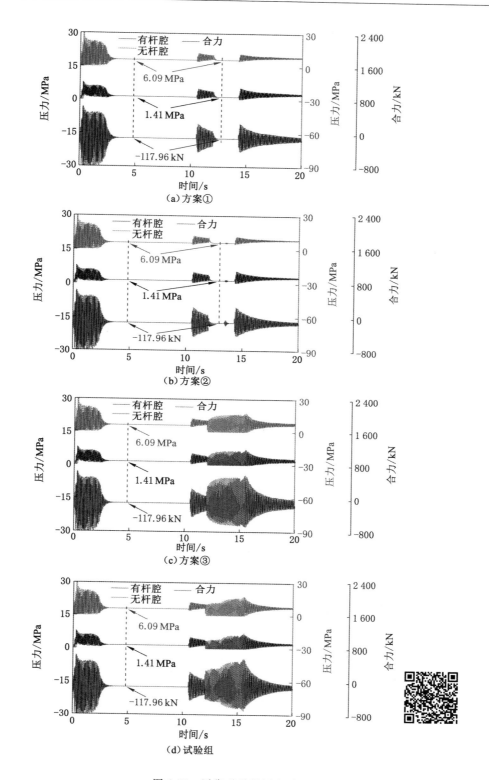

（a）方案①

（b）方案②

（c）方案③

（d）试验组

图 6-39　平衡千斤顶压力对比图

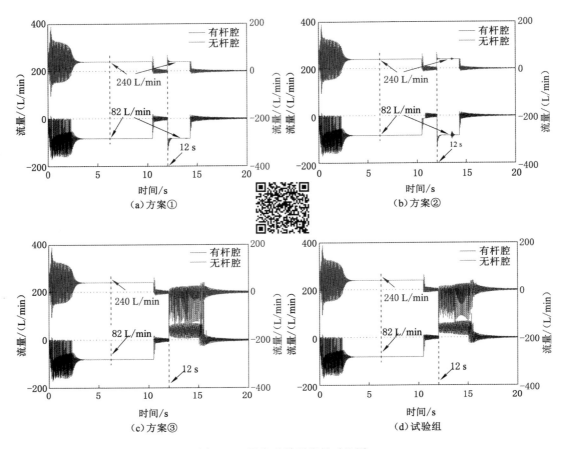

图 6-40　平衡千斤顶流量对比图

图 6-39 及图 6-40 分别为 4 种调姿方案下平衡千斤顶压力、流量对比图。对比图 6-39 和图 6-40 可知,在 0～12 s,平衡千斤顶系统液控单向阀正向开启,平衡千斤顶有杆腔进油回缩,此时 4 种方案下平衡千斤顶系统压力、流量曲线的变化情况基本一致。12 s 后,平衡千斤顶液控单向阀反向开启,平衡千斤顶无杆腔进油辅助液压支架顶梁角度回转。在方案①、②中,平衡千斤顶有杆腔及无杆腔压力、流量均可达到相对稳定状态,而在方案③及试验组中,平衡千斤顶有杆腔和无杆腔压力、流量均存在大幅波动。

综上分析可知,液压支架系统在 12 s 后的波动并非由立柱动作引起,平衡千斤顶系统有杆腔回液油路液控单向阀的频繁启闭是系统振荡的主要原因。平衡千斤顶无杆腔油压远大于有杆腔油压,因此当无杆腔进液时,有杆腔瞬时排液量较大。而此时平衡千斤顶控制油路尚未形成较高的控制油压(未接顶板时平衡千斤顶系统稳定控制油压为 4～5 MPa),从而导致回液油路单向阀阀芯频繁振荡,促使平衡千斤顶出现抖动现象,最终降低了液压支架的调姿精度(图 6-36 中方案②及试验组立柱系统的小幅波动亦源于此)。

参 考 文 献

[1] BP Team (Global). BP Statistical Review of World Energy:2016[R]. 2016.

[2] BP Team (Global). BP Statistical Review of World Energy:2017[R]. 2017.

[3] BP Team (Global). BP Statistical Review of World Energy:2018[R]. 2018.

[4] BP Team (Global). BP Energy Outlook:2016[R]. 2016.

[5] BP Team (Global). BP Energy Outlook:2017[R]. 2017.

[6] BP Team (Global). BP Energy Outlook:2018[R]. 2018.

[7] 钱鸣高,许家林,王家臣. 再论煤炭的科学开采[J]. 煤炭学报,2018,43(1):1-13.

[8] 钱鸣高,石平五,许家林. 矿山压力与岩层控制[M]. 徐州:中国矿业大学出版社,2010.

[9] 范志忠,齐庆新,王家臣. 大采高工作面极限开采强度评价方法及应用[J]. 采矿与安全工程学报,2018,35(2):347-351.

[10] 王国法,庞义辉,任怀伟,等. 煤炭安全高效综采理论、技术与装备的创新和实践[J]. 煤炭学报,2018,43(4):908-913.

[11] 王国法,庞义辉,马英. 特厚煤层大采高综放自动化开采技术与装备[J]. 煤炭工程,2018,50(1):1-6.

[12] 王家臣,仲淑. 我国厚煤层开采技术现状及需要解决的关键问题[J]. 中国科技论文在线,2008,3(11):829-834.

[13] 弓培林. 大采高采场围岩控制理论及应用研究[M]. 北京:煤炭工业出版社,2006.

[14] GOSHTASBI K,ORAEE K,KHAKPOUR-YEGANEH F. Shield support selection based on geometric characteristics of coal seam[J]. Journal of Mining Science,2006, 42(2):151-156.

[15] YETKIN M E,SIMSIR F,OZFIRAT M K,et al. A fuzzy approach to selecting roof supports in longwall mining[J]. The South African Journal of Industrial Engineering, 2016,27(1):162-177.

[16] BARCZAK T M. Selecting proper type of shield supports[M]. [S. l. :s. n.],1990.

[17] ORAEE K,BAKHTAVAR E. Selection of tunnel support system by using multi criteria decision-making tools[C]//The 29th International Conference on Ground Control in Mining,Morgantown,WV,27-29 July,2010.

[18] ÖZF₁RAT M K. A fuzzy method for selecting underground coal mining method considering mechanization criteria[J]. Journal of mining science,2012,48(3): 533-544.

[19] MISRA A. Longwall production and face cost evaluation with particular reference to the Australian coal mining industry[J]. Journal of mines,metals & fuels,1994,1(2):

27-34.

[20] 徐兵.大采高工作面煤壁片帮冒顶控制技术[J].辽宁工程技术大学学报(自然科学版),2011,30(6):826-829.

[21] SINGH G S P, SINGH U K. A numerical modeling approach for assessment of progressive caving of strata and performance of hydraulic powered support in longwall workings[J]. Computers and geotechnics,2009,36(7):1142-1156.

[22] 王国法,庞义辉,刘俊峰.特厚煤层大采高综放开采机采高度的确定与影响[J].煤炭学报,2012,37(11):1777-1782.

[23] 万丽荣,刘鹏,孟昭胜,等.特大采高液压支架稳定性分析研究[J].煤炭科学技术,2017,45(1):148-153.

[24] FRITH R C. A holistic examination of the load rating design of longwall shields after more than half a century of mechanised longwall mining[J]. International journal of mining science and technology,2015,25(5):687-706.

[25] UNVER B, YASITLI N E. Modelling of strata movement with a special reference to caving mechanism in thick seam coal mining[J]. International journal of coal geology,2006,66(4):227-252.

[26] YU B. Behaviors of overlying strata in extra-thick coal seams using top-coal caving method[J]. Journal of rock mechanics and geotechnical engineering,2016,8(2):238-247.

[27] GAO R,YU B,XIA H C,et al. Reduction of stress acting on a thick,deep coal seam by protective-seam mining[J]. Energies,2017,10(8):1209.

[28] LI X L,LIU C W,LIU Y,et al. The breaking span of thick and hard roof based on the thick plate theory and strain energy distribution characteristics of coal seam and its application[J]. Mathematical problems in engineering,2017,2017:1-14.

[29] LE T D. A discontinuum modelling approach for investigation of Longwall Top Coal Caving mechanisms[J]. International journal of rock mechanics and mining sciences,2018,106:84-95.

[30] 杨登峰.西部浅埋煤层高强度开采顶板切落机理研究[D].北京:中国矿业大学(北京),2016.

[31] 王家臣,王兆会,孔德中.硬煤工作面煤壁破坏与防治机理[J].煤炭学报,2015,40(10):2243-2250.

[32] 王国法,庞义辉.特厚煤层大采高综采综放适应性评价和技术原理[J].煤炭学报,2018,43(1):33-37.

[33] 吴凤东.大海则煤矿大采高综采技术适应性研究[D].北京:北京科技大学,2016.

[34] BARCZAK T M,GEARHART D F. Canopy and base load distribution on a longwall shield[M]. Pittsburgh,PA:Department of the Interior,Bureau of Mines,1992.

[35] 高有进.6.2米液压支架关键技术研究与优化设计[D].武汉:华中科技大学,2008.

[36] KEN CRAM. Australia's longwall mines 2000 review[J]. Australia loangwalls,2001(3):67-75.

[37] 袁伟茗.阳煤一矿8303大采高工作面煤壁失稳特征及机理研究[D].北京:煤炭科学研究总院,2017.

[38] 孙利辉.西部弱胶结地层大采高工作面覆岩结构演化与矿压活动规律研究[D].北京:北京科技大学,2017.

[39] 石化煤炭物流信息系统网编写组.俄罗斯煤炭资源分布及煤田介绍[R]北京弘帆物流有限责任公司,2013.

[40] PENG S S. Coal mine ground control[M]. 3th ed. [S. l.]:John Wiley & Sons, Inc,2008.

[41] 贾悦谦.矿井集中生产的主要技术途径[J].煤炭科学技术,1981,9(5):11-15.

[42] 宋朝阳.寺河矿大采高采场矿压规律研究[J].矿山压力与顶板管理,2005,22(4):102-103.

[43] 张东方.年产千万吨矿井综采设备国产化探究[J].煤炭科学技术,2018,46(2):203-207.

[44] 赵凯浪.小保当煤矿大采高工作面煤壁片帮控制技术研究[D].西安:西安科技大学,2017.

[45] 胡国伟.大采高综采工作面矿压显现特征及控制研究[D].太原:太原理工大学,2006.

[46] BARCZAK T. Design and operation of powered supports for longwall mining[J]. Engineering & mining journal,1993,194(6):54-55.

[47] MURAKAMI T,SHIRAISHI M,NAWA T,et al. Loss of pulse pressure amplification between the ascending and descending aorta in patients after an aortic arch repair[J]. Journal of hypertension,2017,35(3):533-537.

[48] HE M C,ZHU G,GUO Z. Longwall mining "cutting cantilever beam theory" and 110 mining method in China:The third mining science innovation[J]. Journal of rock mechanics and geotechnical engineering,2015,7(5):483-492.

[49] WILSON A H. Support load requirements on longwall faces[J]. Mining engineering,1975,175:479-491.

[50] SMART B G D,REDFERN A. The evaluation of powered support from geological and mining practice specifications information[C]//Proceedings of the 27th U. S. Symposium on Rock Mechanics,Tuscaloosa,Alabama,1986.

[51] BOCHKAREV V G. Some consequences of the hinged-block hypothesis[J]. Soviet mining,1967,3(4):334-341.

[52] 王仲伦.大采高综采采场矿压显现规律与支架工作阻力数值模拟研究[D].太原:太原理工大学,2018.

[53] 钱鸣高.从围岩移动的力学关系论采场支架基本参数的决定[J].煤炭科学技术,1978,6(11):1-7.

[54] 史元伟.回采工作面顶板下沉预计及单体支柱支护质量监测评述[J].煤炭科学技术,1992,20(4):2-8.

[55] 史元伟.德英波等国岩层控制技术与岩石力学研究的新发展[J].矿山压力与顶板管理,1994(1):4-9.

[56] ZHU D R,QIAN M G. Structure and stability of main roof after its fracture[J]. Journal of China University of Mining & Technology,1990,1(1):25-34.

[57] 钱鸣高,殷建生,刘双跃.综采工作面直接顶的端面冒落[J].煤炭学报,1990,15(1):1-9.

[58] QIAN M G,MIU X X,LI L J. Mechanical behaviour of main floor for water inrush in longwall mining[J].Journal of China University of Mining & Technology,1995(1):9-16.

[59] 缪协兴,钱鸣高.采场围岩整体结构与砌体梁力学模型[J].矿山压力与顶板管理,1995(3):3-12.

[60] 钱鸣高,茅献彪,缪协兴.采场覆岩中关键层上载荷的变化规律[J].煤炭学报,1998,23(2):135-139.

[61] 曹胜根,钱鸣高,刘长友,等.采场支架-围岩关系新研究[J].煤炭学报,1998,23(6):575-579.

[62] 黄庆享,钱鸣高,石平五.浅埋煤层采场老顶周期来压的结构分析[J].煤炭学报,1999,24(6):581-585.

[63] 许家林,钱鸣高.关键层运动对覆岩及地表移动影响的研究[J].煤炭学报,2000,25(2):122-126.

[64] 许家林,钱鸣高.覆岩关键层位置的判别方法[J].中国矿业大学学报,2000,29(5):463-467.

[65] 侯忠杰.组合关键层理论的应用研究及其参数确定[J].煤炭学报,2001,26(6):611-615.

[66] 郝海金,吴健,张勇,袁宗本.大采高开采上位岩层平衡结构及其对采场矿压显现的影响[J].煤炭学报,2004,29(2):137-141.

[67] 弓培林.大采高采场围岩控制理论及应用研究[D].太原:太原理工大学,2006.

[68] 王家臣.极软厚煤层煤壁片帮与防治机理[J].煤炭学报,2007,32(8):785-788.

[69] 许家林,朱卫兵,王晓振,等.浅埋煤层覆岩关键层结构分类[J].煤炭学报,2009,34(7):865-870.

[70] 朱雁辉,张东峰,安宏图.浅埋深大采高坚硬顶板工作面矿压显现规律研究[J].煤炭技术,2014,33(11):158-161.

[71] 鞠金峰,许家林,朱卫兵.浅埋特大采高综采工作面关键层"悬臂梁"结构运动对端面漏冒的影响[J].煤炭学报,2014,39(7):1197-1204.

[72] 郭卫彬.大采高工作面煤壁稳定性及其与支架的相互影响机制研究[D].徐州:中国矿业大学,2015.

[73] 王刚,罗海珠,王继仁,等.近浅埋大采高工作面关键层破断规律研究[J].中国矿业大学学报,2016,45(3):469-474.

[74] PARK D W,JIANG Y M,CARR F,et al. Analysis of longwall shields and their interaction with surrounding strata in a deep coal mine[C]//Proceedings of 11th International Conference on Ground Control in Mining.[S. l.:s. n.],1992:109-116.

[75] PARK D W,DEB D. Longwall strata control and maintenance system:a stethoscope

for longwall mining[J]. Mining engineering,1999,51:23-27.

[76] DEB D. Development of the longwall strata control and maintenance system[D]. Tuscaloosa:The university of Alabama,1997.

[77] DEB D. Analysis of real-time shield pressures for the evaluation of longwall ground control problems[J]. Journal of mines metals & fuels,2000,48(8):230-236.

[78] PENG S S. What can a shield leg pressure tell us[J]. Coal age,1998:54-57.

[79] BARCZAK T M,CONOVER D P. The NIOSH shield hydraulics inspection and evaluation of leg data (shield) computer program[C]//Proceedings of the 21th international conference on ground control in mining,Morgantown,2002.

[80] CALLAN M A. Fitness for purpose of longwall powered supports[D]. Queensland: University of Queensland,2005.

[81] TRUEMAN R,LYMAN G,CALLAN M,et al. Assessing longwall support-roof interaction from shield leg pressure data[J]. Mining technology,2005,114(3): 176-184.

[82] CALLAN M A. Fitness for purpose of longwall powered supports[R]. Australian coal association research programme,2005:1-57.

[83] TRUEMAN R,LYMAN G,COCKER A,et al. Interpreting longwall shield-roof interaction in real time from leg pressure data[C]//Aachen International Mining Symposium,VGE Verlag GmbH. [S. l. :s. n.],2007:203-222.

[84] TRUEMAN R,LYMAN G,COCKER A. Longwall roof control through a fundamental understanding of shield-strata interaction[J]. International journal of rock mechanics and mining sciences,2009,46(2):371-380.

[85] PŁONKA M,RAJWA S. Assessment of powered support loadings in plow and shearer longwalls in regard to the pressure measurements in props[M]//New techniques and technologies in thin coal seam exploitation. [S. l.]:CRC Press,2011: 221-232.

[86] WIKLUND B,KIZIL M S,CANBULAT I. Development of a cavity prediction model for longwall mining[C]//The 11th Underground Coal Operators´ Conference, University of Wollongong & the Australasian Institute of Mining and Metallurgy. [S. l. :s. n.],2011:48-59.

[87] HOYER D. Early warning of longwall roof cavities using LVA software[C]//The 12th Coal Operators´ Conference, University of Wollongong & the Australasian Institute of Mining and Metallurgy. [S. l. :s. n.],2012:67-77.

[88] CHENG J Y,WAN Z,PENG S S,et al. What can the changes in shield resistance tell us during the period of shearer´s cutting and neighboring shields´ advance? [J]. International journal of mining science and technology,2015,25(3):361-367.

[89] SZWEDA S. Underground investigations into dynamic loads on powered supports caused by shocks and rock bursts[C]//Investigation project of Final Report. Unpublished Materials, KOMAG Center,1994.

［90］ SZWEDA S. Loadings of legs in sections of mechanised supports by dynamic movements of roof and floor[J]. Archives of mining sciences,2001,46:237-266.

［91］ SZWEDA S. Dynamic action of rock mass on the powered support legs[J]. Journal of mining science,2003,39(2):154-161.

［92］ PRUSEK S,RAJWA S,WALENTEK A. An application of numerical modeling for the assessment of the roof stability between the coal face and the tip of canopy[C]// Proceedings of the XII International Scientific Conference- Górnicze Zagro? enia Naturalne,Katowice,2005:229-252.

［93］ MASNY W,PRUSEK S,MUTKE G. Numerical modeling of the dynamic load changes exerted on the support in the stress concentration zones [J]. Procedia engineering,2017,191:894-899.

［94］ YASITLI N E,UNVER B. 3D numerical modeling of longwall mining with top-coal caving[J]. International journal of rock mechanics and mining sciences,2005,42(2): 219-235.

［95］ SAEEDI G,SHAHRIAR K,REZAI B. Numerical modelling of out-of-seam dilution in longwall retreat mining [J]. International journal of rock mechanics and mining sciences,2010,47(4):533-535.

［96］ SAEEDI G,SHAHRIAR K,REZAI B. Numerical modelling of out-of-seam dilution in longwall retreat mining [J]. International journal of rock mechanics and mining sciences,2010,47(4):536-543.

［97］ SINGH G S P,SINGH U K. Prediction of caving behavior of strata and optimum rating of hydraulic powered support for longwall workings[J]. International journal of rock mechanics and mining sciences,2010,47(1):1-16.

［98］ SINGH G S P,SINGH U K. Assessment of dynamic loading and rapid yield valve requirement for powered roof supports in longwall workings[J]. Mining technology, 2009,118(1):47-52.

［99］ VERMA A K,DEB D. Numerical analysis of an interaction between hydraulic-powered support and surrounding rock strata [J]. International journal of geomechanics,2013,13(2):181-192.

［100］ HOSSEINI N,GOSHTASBI K,ORAEE-MIRZAMANI B,et al. Calculation of periodic roof weighting interval in longwall mining using finite element method[J]. Arabian journal of geosciences,2014,7(5):1951-1956.

［101］ MANGAL A. Rock mechanical investigation of strata loading characteristics to assess caving and requirement of support resistance in a mechanized powered support longwall face[J]. International journal of mining science and technology, 2016,26(6):1081-1087.

［102］ SHABANIMASHCOOL M,JING L R,LI C C. Discontinuous modelling of stratum cave-in in a longwall coal mine in the Arctic area[J]. Geotechnical and geological engineering,2014,32(5):1239-1252.

[103] WITEK M,PRUSEK S. Numerical calculations of shield support stress based on laboratory test results[J]. Computers and geotechnics,2016,72:74-79.

[104] TAN Y L,GUO W Y,GU Q H,et al. Research on the rockburst tendency and AE characteristics of inhomogeneous coal-rock combination bodies[J]. Shock and vibration,2016,2016:1-11.

[105] BROWN E T,BRAY J W,LADANYI B,et al. Ground response curves for rock tunnels[J]. Journal of geotechnical engineering,1983,109(1):15-39.

[106] BRADY B,BROWN E T. Rock mechanics:for underground mining[M].[S. l.:s. n.],1985.

[107] BRADY B,Brown E. Rock mechanics for underground mining[M]. 4th ed.[S. l.:s. n.],2004.

[108] CARRANZA-TORRES C,FAIRHURST C. Application of the convergence-confinement method of tunnel design to rock masses that satisfy the Hoek-Brown failure criterion[J]. Tunnelling and underground space technology,2000,15(2):187-213.

[109] MEDHURST T P. Practical considerations in longwall support behavior and ground response[C]//Coal Conference 2005 Brisbane,QLD,2005:26-28.

[110] MEDHURST T P. Practical considerations in longwall support behavior and ground response[J]. Journal of the American Society for Mass Spectrometry,2005,16(10):1583-1594.

[111] ESTERHUIZEN E,BARCZAK T. Development of ground response curves for longwall tailgate support design[J]. Goldenrocks,2006(2006):21-27.

[112] BARCZAK T M. A first step in developing standing roof support design criteria based on ground reaction data for pittsburgh seam longwall tailgate support[C]// Proceedings of the 27th International conference on ground control in mining,West Virginia,2008:347-357.

[113] PRUSEK S,PŁONKA M,WALENTEK A. Applying the ground reaction curve concept to the assessment of shield support performance in longwall faces[J]. Arabian journal of geosciences,2016,9(3):1-15.

[114] 李鸿昌.缓倾斜煤层回采工作面单体支架的特性[J].煤炭学报,1964(2):11-19.

[115] 史元伟.防治顶板事故的力学原理及基本措施[J].煤炭科学技术,1986,14(11):4-9.

[116] 赵国景,钱鸣高.采场上覆坚硬岩层的变形运动与矿山压力[J].煤炭学报,1987,12(3):1-8.

[117] 钱鸣高,刘双跃,殷建生.综采工作面支架与围岩相互作用关系的研究[J].矿山压力,1989,6(2):1-8.

[118] 刘俊峰.两柱掩护式大采高强力液压支架适应性研究[D].北京:煤炭科学研究总院,2006.

[119] 鹿志发.浅埋深煤层顶板力学结构与支架适应性研究[D].北京:煤炭科学研究总院,2007.

[120] 王国法,刘俊峰,任怀伟.大采高放顶煤液压支架围岩耦合三维动态优化设计[J].煤

炭学报,2011,36(1):145-151.

[121] 王国法. 工作面支护与液压支架技术理论体系[J]. 煤炭学报,2014,39(8): 1593-1601.

[122] 王国法,庞义辉. 液压支架与围岩耦合关系及应用[J]. 煤炭学报,2015,40(1):30-34.

[123] 徐亚军,王国法,任怀伟. 液压支架与围岩刚度耦合理论与应用[J]. 煤炭学报,2015, 40(11):2528-2533.

[124] 王国法,庞义辉. 基于支架与围岩耦合关系的支架适应性评价方法[J]. 煤炭学报, 2016,41(6):1348-1353.

[125] 王国法,牛艳奇. 超前液压支架与围岩耦合支护系统及其适应性研究[J]. 煤炭科学技 术,2016,44(9):19-25.

[126] 王国法,庞义辉,李明忠,等. 超大采高工作面液压支架与围岩耦合作用关系[J]. 煤炭 学报,2017,42(2):518-526.

[127] 王国法,李希勇,张传昌,等. 8 m 大采高综采工作面成套装备研发及应用[J]. 煤炭科 学技术,2017,45(11):1-8.

[128] 王国法,庞义辉. 特厚煤层大采高综采综放适应性评价和技术原理[J]. 煤炭学报, 2018,43(1):38-42.

[129] 王国法,庞义辉,任怀伟,等. 煤炭安全高效综采理论、技术与装备的创新和实践[J]. 煤炭学报,2018,43(4):903-907.

[130] 任怀伟,杜毅博,侯刚. 综采工作面液压支架-围岩自适应支护控制方法[J]. 煤炭科学 技术,2018,46(1):150-155.

[131] 杨朋,华心祝,陈登红. 采高对工作面支架刚度的影响规律研究[J]. 煤炭技术,2014, 33(7):163-165.

[132] 徐刚. 采场支架刚度实验室测试及与顶板下沉量的关系[J]. 煤炭学报,2015,40(7): 1485-1490.

[133] 郑贺斌. 综放工作面上覆岩层运动规律及支架选型研究[D]. 太原:太原理工大 学,2016.

[134] 郝永青. 大采高综采工作面支架-围岩关系研究[D]. 太原:太原理工大学,2017.

[135] 刘博. 液压支架合理初撑力及其智能调控原理研究[D]. 徐州:中国矿业大学,2017.

[136] 伍永平,胡博胜,解盘石,等. 基于支架-围岩耦合原理的模拟试验液压支架及测控系 统研制与应用[J]. 岩石力学与工程学报,2018,37(2):374-382.

[137] 梁利闯,任怀伟,郑辉. 液压支架的机-液耦合刚度特性分析[J]. 煤炭科学技术,2018, 46(3):141-147.

[138] 任怀伟. 大采高液压支架合理工作高度及掩护梁结构研究[J]. 煤炭科学技术,2011, 39(4):89-93.

[139] WANG X W, YANG Z, FENG J, et al. Stress analysis and stability analysis on doubly-telescopic prop of hydraulic support[J]. Engineering failure analysis,2013, 32:274-282.

[140] ZHANG Q, ZHANG J X, TAI Y, et al. Horizontal roof gap of backfill hydraulic support[J]. Journal of Central South University,2015,22(9):3544-3555.

[141] ZHAO X, LI F, LIU Y, et al. Fatigue behavior of a box-type welded structure of hydraulic support used in coal mine[J]. Materials (Basel),2015,8(10):6609-6622.

[142] 何龙龙. 液压支架关键部位的有限元分析[D]. 西安:西安科技大学,2016.

[143] GWIAZDA A,FOIT K,BANAŚ W,et al. Optimizing a four-props support using the integrative design approach[J]. IOP Conference Series:Materials Science and Engineering,2016,145(4):30-41.

[144] WITEK M,PRUSEK S. Numerical calculations of shield support stress based on laboratory test results[J]. Computers and geotechnics,2016,72:80-88.

[145] ZENG Q L,JIANG K,GAO K D,et al. Add-on function development of design and analysis system for hydraulic support column standardization[J]. Recent patents on mechanical engineering,2017,10(3):23-30.

[146] 万丽荣,孔帅,孟昭胜,等. 基于 Workbench 薄煤层支架整架有限元分析[J]. 煤炭技术,2017,36(4):209-212.

[147] WU J Y,FENG M M,TANG K. Strength analysis of six-pillar hydraulic support base[J]. World scientific,2017:61-71.

[148] CHENG J Y,ZHANG Y D,CHENG L,et al. Study of loading and running characteristic of hydraulic support in underhand mining face[J]. Archives of mining sciences,2017,62(1):215-224.

[149] 刘欣科,赵忠辉,赵锐. 冲击载荷作用下液压支架立柱动态特性研究[J]. 煤炭科学技术,2012,40(12):66-70.

[150] 杨林. 大流量安全阀冲击加载系统研究[D]. 阜新:辽宁工程技术大学,2014.

[151] 韩钰. 冲击载荷下液压支架双伸缩立柱的受力及仿真分析[D]. 太原:太原理工大学,2015.

[152] 魏阳阳. 液压支架用双级过载保护安全阀动态特性和流固耦合分析[D]. 阜新:辽宁工程技术大学,2015.

[153] 王大勇,王慧. 大流量安全阀实验台液压系统设计与冲击加载模拟[J]. 辽宁工程技术大学学报(自然科学版),2016,35(4):422-425.

[154] 杨帅鹏. 基于 AMESim 的液压支架用大流量安全阀动态特性研究[D]. 兰州:兰州理工大学,2017.

[155] 周永昌. 掩护式液压支架力学特性的初步分析[J]. 煤炭学报,1981,6(1):1-17.

[156] 陈忠恕,朱德政. 液压支架的平衡千斤顶[J]. 煤炭科学技术,1982,10(3):36-38.

[157] 王国法. 两柱掩护式液压支架顶梁机械限位装置的设计[J]. 煤矿机械,1991,12(5):7-10.

[158] 王国彪. 二柱掩护式液压支架平衡千斤顶定位尺寸的回归分析[J]. 煤炭工程师,1993,20(2):44-47.

[159] 高荣,王国彪,高秋捷,等. 掩护式液压支架平衡千斤顶优化设计的研究[J]. 煤炭科学技术,1994,22(12):36-40.

[160] 王国彪,高荣. 掩护式支架平衡千斤顶定位尺寸的模拟分析与优化设计[J]. 煤炭学报,1994,19(2):195-206.

[161] 刘洪宇,范迅,张大海,等. 反四连杆液压支架承载能力的力平衡区研究[J]. 煤矿机

械,2008,29(9):62-64.

[162] 杨培举.两柱掩护式放顶煤支架与围岩关系及适应性研究[D].徐州:中国矿业大学,2009.

[163] 曹春玲,张杰,赵书明.掩护式液压支架承载能力分析系统的研究[J].煤矿机械,2010,31(2):65-67.

[164] 张震,闫少宏,尹希文,等.基于平衡千斤顶受力分析下的两柱综放支架适应性研究[J].煤矿开采,2012,17(1):65-67.

[165] 刘付营,张定堂,李宁宁,等.反四连杆放顶煤液压支架掩护梁受力对整架受力的影响[J].煤矿机械,2012,33(7):101-103.

[166] 马端志,王恩鹏.两柱掩护式大采高强力放顶煤液压支架的研制[J].煤炭科学技术,2013,41(8):84-86.

[167] 张华磊,涂敏,张继兵,等.大采高综采破碎顶板液压支架压架致损机理分析[J].山东科技大学学报(自然科学版),2013,32(6):1-6.

[168] 张浩.大采高工作面液压支架结构受力分析[D].淮南:安徽理工大学,2014.

[169] 刘志阳.极近距离煤层采空区下综放面矿压规律与控制研究[D].北京:中国矿业大学(北京),2014.

[170] 栗建平.大采高转综放条件下采煤工艺及顶板稳定性研究[D].北京:中国矿业大学(北京),2014.

[171] 李化敏,蒋东杰,SYD S P,等.放顶煤液压支架承载特性及其适应性分析[J].煤炭科学技术,2015,43(6):23-28.

[172] 冯军发,蒋东杰.综放采场液压支架水平力及稳定性分析[J].煤矿安全,2016,47(10):201-204.

[173] 徐亚军,王国法,刘业献.两柱掩护式液压支架承载特性及其适应性研究[J].煤炭学报,2016,41(8):2113-2120.

[174] 侯运炳,何尚森,谢生荣,等.两柱掩护式液压支架空间承载特性研究[J].工程科学与技术,2017,49(3):85-95.

[175] 杜毅博.液压支架支护状况获取与模糊综合评价方法[J].煤炭学报,2017,42(增刊):260-266.

[176] OBLAK M,CIGLARIČ I,HARL B. The optimal synthesis of hydraulic support[J]. ZAmm-journal of applied mathematics and mechanics,1998,78(S3):1027-1028.

[177] OBLAK M, HARL B, BUTINAR B. Optimal design of hydraulic support[J]. Structural and multidisciplinary optimization,2000,20(1):76-82.

[178] PREBIL I, KRAŠNA S, CIGLARIČ I. Synthesis of four-bar mechanism in a hydraulic support using a global optimization algorithm [J]. Structural and multidisciplinary optimization,2002,24(3):246-251.

[179] UICKER J J, PENNOCK G R, SHIGLEY J E, et al. Theory of machines and mechanisms[J]. Journal of mechanical design,2003,125(3):650.

[180] GÜNDOĞDUÖ. Fuzzy control of a dc motor driven four-bar mechanism [J]. Mechatronics,2005,15(4):423-438.

[181] MERMERTAŞ V. Optimal design of manipulator with four-bar mechanism[J]. Mechanism and machine theory,2004,39(5):545-554.

[182] ERKAYA S, UZMAY İ. Investigation on effect of joint clearance on dynamics offour-bar mechanism[J]. Nonlinear dynamics,2009,58(1/2):179-198.

[183] ROSTON G P,STURGES R H. Genetic algorithm synthesis of four-bar mechanisms [J]. Artificial intelligence for engineering design,analysis and manufacturing,1996, 10(5):371-390.

[184] ACHARYYA S K,MANDAL M. Performance of EAs for four-bar linkage synthesis [J]. Mechanism and machine theory,2009,44(9):1784-1794.

[185] FREUDENSTEIN F. Approximate synthesis of four-bar linkages[J]. Resonance, 2010,15(8):740-767.

[186] MEZURA-MONTES E, PORTILLA-FLORES E A, HERNÁNDEZ-OCAŇA B. Optimum synthesis of a four-bar mechanism using the modified bacterial foraging algorithm[J]. International journal of systems science,2014,45(5):1080-1100.

[187] FELEZI M E, VAHABI S, NARIMAN-ZADEH N. Pareto optimal design of reconfigurable rice seedling transplanting mechanisms using multi-objective genetic algorithm[J]. Neural computing and applications,2016,27(7):1907-1916.

[188] 毛君,夏秋仲. 基于 VB 下的液压支架运动学分析[J]. 煤矿机械,2006,27(9):76-78.

[189] 白雪峰,廉自生. 液压支架姿态的监测与控制[J]. 科学之友(学术版),2006(4): 27-28.

[190] 赵彬. 煤矿液压支架四连杆机构的遗传优化及软件设计[D]. 武汉:华中科技大 学,2011.

[191] 闫海峰. 液压支架虚拟监控关键技术研究[D]. 徐州:中国矿业大学,2011.

[192] 林福严,苗长青. 支撑掩护式液压支架运动位姿解算[J]. 煤炭科学技术,2011,39(4): 97-100.

[193] 江海波. 液压支架的计算机辅助设计[D]. 徐州:中国矿业大学,2014.

[194] 陈占营,郑晓雯,雷乔治,等. 改进遗传算法在求解液压支架位姿参数中的应用[J]. 煤 矿机械,2014,35(7):201-203.

[195] SUN J W, LIU W R, CHU J K. Synthesis of a non-integer periodic function generator of a four-bar mechanism using a Haar wavelet[J]. Inverse problems in science and engineering,2016,24(5):763-784.

[196] CHO B, VAUGHAN N. Dynamic simulation model of a hybrid powertrain and controller using co-simulation-part I:powertrain modelling[J]. International journal of automotive technology,2006,7:459-468.

[197] ROCCATELLO A,MANCÒ S,NERVEGNA N. Modelling a variable displacement axial piston pump in a multibody simulation environment[J]. Journal of dynamic systems,measurement,and control,2007,129(4):456-468.

[198] CHEN Q,LV Y J. Research on a new hardness testing device based on virtual design [J]. Journal of advanced manufacturing systems,2010,9(2):161-163.

[199] MĘŻYK A, KLEIN W, FICE M, et al. Mechatronic model of continuous miner cutting drum driveline[J]. Mechatronics, 2016, 37: 12-20.

[200] BARBAGALLO R, SEQUENZIA G, OLIVERI S M, et al. Dynamics of a high-performance motorcycle by an advanced multibody/control co-simulation [J]. Proceedings of the institution of mechanical engineers, part K: journal of multi-body dynamics, 2016, 230(2): 207-221.

[201] SUDHARSAN J, KARUNAMOORTHY L. Path planning and co-simulation control of 8 DOF anthropomorphic robotic arm[J]. International journal of simulation modelling, 2016, 15(2): 302-312.

[202] KANG S, MIN K. Dynamic simulation of a fuel cell hybrid vehicle during the federal test procedure-75 driving cycle[J]. Applied energy, 2016, 161: 181-196.

[203] 杨秀清. 机电液耦合的搬运机械手虚拟样机研究[D]. 合肥: 中国科学技术大学, 2008.

[204] 马长林, 李锋, 郝琳, 等. 基于 Simulink 的机电液系统集成化仿真平台研究[J]. 系统仿真学报, 2008, 20(17): 4578-4581.

[205] 杨艳妮, 韩明军, 张志宏, 等. 机电液一体化系统联合仿真技术研究[J]. 液压气动与密封, 2013, 33(12): 15-17.

[206] 吴小旺. 液压支架机液联合仿真与液压控制系统分析[D]. 青岛: 山东科技大学, 2010.

[207] 王保明. 液压支架关键元件内部流动及系统工作特性研究[D]. 徐州: 中国矿业大学, 2011.

[208] ZHOU X Y, ZHAO B L, GONG G H. Control parameters optimization based on co-simulation of a mechatronic system for an UA-based two-axis inertially stabilized platform[J]. Sensors (Basel, Switzerland), 2015, 15(8): 20169-20192.

[209] PAN D L, GAO F, MIAO Y, et al. Co-simulation research of a novel exoskeleton-human robot system on humanoid gaits with fuzzy-PID/PID algorithms [J]. Advances in engineering software, 2015, 79: 36-46.

[210] 杨阳, 袁瑗辉, 邹佳航, 等. 采煤机机电液短程截割传动系统设计与性能分析[J]. 煤炭学报, 2015, 40(11): 2558-2568.

[211] 邹佳航. 采煤机机电液短程截割传动系统设计与性能分析[D]. 重庆: 重庆大学, 2015.

[212] 张义龙. 采煤机电液比例调高系统多软件协同仿真研究[D]. 淮南: 安徽理工大学, 2016.

[213] 陈晓强. 采煤机电液比例调高系统设计与仿真分析[D]. 淮南: 安徽理工大学, 2013.

[214] 彭天好, 张义龙, 王光耀, 等. 采煤机电液比例调高机液耦合仿真研究[J]. 煤炭科学技术, 2016, 44(9): 127-133.

[215] ZENG Q L, GAO K D, ZHANG H Z, et al. Vibration analysis of shearer cutting system using mechanical hydraulic collaboration simulation[J]. Proceedings of the institution of mechanical engineers, part K: journal of multi-body dynamics, 2017, 231(4): 708-725.

[216] 陈娟, 赵君伟, 付永领, 等. 基于多软件协同仿真的六自由度平台虚拟试验系统[J]. 机床与液压, 2017, 45(17): 20-23.

[217] 尤波,陶守通,黄玲,等.基于 MATLAB 和 ADAMS 的肌电假手联合仿真[J].系统仿真学报,2017,29(5):957-964.

[218] 王国法.高端液压支架及先进制造技术[M].北京:煤炭工业出版社,2010:25-60.

[219] ZENG Q L,MENG Z S,WAN L R,et al. Analysis on force transmission characteristics of two-legged shield support under impact loading[J]. Shock and vibration,2018,2018:1-10.

[220] 钱鸣高,何富连,王作棠,等.再论采场矿山压力理论[J].中国矿业大学学报,1994,23(3):1-9.

[221] 王积伟.液压与气压传动习题集[M].北京:机械工业出版社,2006.

[222] 梁利闯,田嘉劲,郑辉,等.冲击载荷作用下液压支架的力传递分析[J].煤炭学报,2015,40(11):2522-2527.

[223] 万丽荣,刘鹏,孟昭胜,等.冲击载荷作用于掩护梁对液压支架的影响分析[J].煤炭学报,2017,42(9):2462-2467.

[224] 丁思远.粘性流体对结构固有频率及阻尼的影响[J].郑州轻工业学院学报,1994(4):50-54.

[225] SOCHACKI W,MARTA B. Damped vibrations of hydraulic cylinder with a spring-damper system in supports[J]. Procedia engineering,2017,177:41-48.

[226] FLORES P,MACHADO M,SILVA M T,et al. On the continuous contact force models for soft materials in multibody dynamics[J]. Multibody system dynamics,2011,25(3):357-375.

[227] 中华人民共和国国家质量监督检验检疫总局,中国国家标准化管理委员会.煤矿用液压支架:第 1 部分 通用技术条件:GB 25974.1-2010[S].北京:中国标准出版社,2010.

[228] Anon. Machines for underground mine-safety requirements for hydraulic powered roof supports:part 1:support units and general requirements BS EN 1804-1:2001[S].[S.l.:s.n.],2001.

[229] 孟昭胜,曾庆良,万丽荣,等.掩护式液压支架顶梁承载特性及其适应性研究[J].煤炭学报,2018,43(4):1162-1170.

[230] MENG Z S,ZENG Q L,GAO K D. Failure analysis of super-large mining height powered support[J]. Engineering failure analysis,2018,92:378-391.

[231] 哈尔滨工业大学理论力学教研室.理论力学[M].7 版.北京:高等教育出版社,2009:45-48.

[232] CARRETERO J A,PODHORODESKI R P,NAHON M A,et al. Kinematic analysis and optimization of a new three degree-of-freedom spatial parallel manipulator[J]. Journal of mechanical design,2000,122(1):17-24.

[233] MENG Z S,ZENG Q L,WAN L R,et al. Pose adjusting simulation of hydraulic support based on mechanical-electrical-hydraulic coordination[J]. Tehnicki vjesnik-technical gazette,2018,25(4):1110-1118.

[234] DAI Y,ZHU X,CHEN L S. A mechanical-hydraulic virtual prototype co-simulation

model for a seabed remotely operated vehicle[J]. International journal of simulation modelling,2016,15(3):532-541.

[235] AL-QAHTANI H M,MOHAMMED A A,SUNAR M. Dynamics and control of a robotic arm having four links[J]. Arabian journal for science and engineering,2017, 42(5):1841-1852.

[236] LIN W Y,HSIAO K M. Cuckoo search and teaching-learning-based optimization algorithms for optimum synthesis of path-generating four-bar mechanisms[J]. Journal of the Chinese institute of engineers,2017,40(1):66-74.

[237] EBRAHIMI S,PAYVANDY P. Efficient constrained synthesis of path generating four-bar mechanisms based on the heuristic optimization algorithms[J]. Mechanism and machine theory,2015,85:189-204.

[238] ZHANG Q,JI L,ZHOU D S,et al. Nonholonomic motion planning for minimizing base disturbances of space manipulators based on multi-swarm PSO[J]. Robotica, 2017,35(4):861-875.

[239] NUÑEZ CRUZ R S,ZANNATHA J M I. Efficient mechanical design and limit cycle stability for a humanoid robot: an application of genetic algorithms [J]. Neurocomputing,2017,233:72-80.

[240] ATACAK I,KÜÇÜK B. PSO-based PID controller design for an energy conversion system using compressed air[J]. Tehnicki vjesnik - technical gazette,2017,24(3):671-679.

[241] CHO H J,AHMED F,KIM T Y,et al. A comparative study of teaching-learning-self-study algorithms on benchmark function optimization[J]. Korean journal of chemical engineering,2017,34(3):628-641.

[242] GUHA D,et al. Study of differential search algorithm based automatic generation control of an interconnected thermal-thermal system with governor dead-band[J]. Applied soft computing,2017,52:160-175.

[243] 胡坤,张长建,王爽,等.基于改进 TLBO 算法的刮板输送机伸缩机尾 PID 控制系统优化[J].中南大学学报(自然科学版),2017,48(1):106-111.

[244] NIKNAM T,AZIZIPANAH-ABARGHOOEE R,NARIMANI M R. A new multi objective optimization approach based on TLBO for location of automatic voltage regulators in distribution systems [J]. Engineering applications of artificial intelligence,2012,25(8):1577-1588.

[245] RAO R V,PATEL V. Multi-objective optimization of two stage thermoelectric cooler using a modified teaching-learning-based optimization algorithm [J]. Engineering applications of artificial intelligence,2013,26(1):430-445.

[246] Siemens industry software NV. LMS Imagine. Lab AMESim user's guide:ADAMS interface[Z]. Roanne,France:Siemens Industry Software NV,2015:8-12.

[247] Siemens industry software NV. LMS Imagine. Lab AMESim user's guide:Simulink interface[Z]. Roanne,France:Siemens Industry Software NV,2015:5-11.